剪映
轻松入门一本全

郭绍义 刘涵薇 王鹏 ◎ 著

天津出版传媒集团
天津科学技术出版社

图书在版编目（CIP）数据

剪映：轻松入门一本全 / 郭绍义，刘涵薇，王鹏著. — 天津：天津科学技术出版社，2025.7. — ISBN 978-7-5742-3134-4

Ⅰ．TP317.53

中国国家版本馆 CIP 数据核字第 2025M9S398 号

剪映：轻松入门一本全
JIANYING：QINGSONG RUMEN YIBENQUAN

责任编辑：吴丹丹

出　　版	天津出版传媒集团 天津科学技术出版社
地　　址	天津市西康路 35 号
邮　　编	300051
电　　话	(022) 23332695
发　　行	新华书店经销
印　　刷	易阳印刷河北有限公司

开本 670×950　1/16　印张 12　字数 130 000
2025 年 7 月第 1 版第 1 次印刷
定价：49.80 元

前　言

　　在当下自媒体盛行的时代，短视频已经成为人们获取信息、学习知识、生活娱乐的重要媒介。想要创作出更优质的短视频，就离不开对视频素材的剪辑加工，也就离不开对剪辑软件的学习和使用。

　　剪映是抖音官方出品的剪辑软件，与抖音无缝衔接，深受广大用户喜爱。它包含移动版和专业版，分别面向使用手机和电脑进行视频剪辑的用户。无论是剪映移动版还是剪映专业版，都拥有强大的剪辑功能，如视频剪辑、音频处理、文字处理等，操作简便，适合各类视频创作。但是，对于没接触过剪映的新手来说，面对剪映的界面和功能可能有些无从下手。本书语言浅显易懂，内容覆盖全面，旨在引领大家掌握剪映移动版和剪映专业版的各项功能操作，让大家在手机端和电脑端都能轻松使用剪映完成视频的创作。

本书共十一章内容。第1—5章为剪映移动版的使用教学，详细讲解了剪映移动版的界面与各项功能的使用方法，主要包含快速入门、基础剪辑、滤镜调色、音频功能、文字功能等方面。第6—10章为剪映专业版的使用教学，从对操作界面与新建项目的介绍开始，逐步深入讲解视频的粗剪、倒放、替换等基础剪辑操作，滤镜、调色与转场功能的使用，音频的添加与处理，文字的添加、调整与特效，等等。第11章主要讲解剪映内嵌的各种AI功能的使用方法，旨在帮助大家使用AI提高创作视频的效率，紧跟时代发展，拥抱科技进步。

本书适合想要学习使用剪映创作视频的新手，以及对视频创作感兴趣的爱好者，也适合已经摸索过视频剪辑但没有系统学习过剪映各项操作的创作者。书中将内容教学和操作实例相结合，搭配详细的步骤图示，十分契合大家在操作时的实际体验。希望本书能帮助大家解决在视频剪辑过程中遇到的困扰，创作出优质的视频作品。

由于科技进步日新月异，剪映的界面和功能可能因版本更新而有所调整或改变，读者如果遇到此类情况，可以按照自己使用的剪映软件的提示和引导进行操作，也可以查看剪映官网的使用说明或者联系客服获取帮助。

本书中使用的视频素材均为作者和被拍摄者共同创作完成，感谢各界好友为本书提供的帮助。

目 录

第1章 初步认识剪映移动版

1.1 什么是视频剪辑 　　002
1.2 剪映移动版的特点 　　004
1.3 剪映移动版和专业版的对比 　　005
1.4 认识操作界面 　　007
1.5 新建剪辑项目 　　009

第2章 剪映移动版的基础剪辑功能

2.1 视频素材的简单裁剪 　　012
2.2 移动视频素材的位置 　　013
2.3 视频素材的倒放处理 　　015
2.4 视频素材的变速处理 　　017

2.5 视频素材的镜像处理   020

2.6 视频素材的定格处理   022

2.7 调整视频的画幅比例   024

    2.7.1 选择画幅比例的依据   024

    2.7.2 使用剪映移动版调整视频的画幅比例   025

2.8 视频的导出与保存   027

第3章 剪映移动版的滤镜和调色功能

3.1 滤镜对画面产生的作用   032

3.2 剪映移动版中不同滤镜的使用   033

    3.2.1 风景滤镜的使用   033

    3.2.2 人像滤镜的使用   035

    3.2.3 美食滤镜的使用   036

    3.2.4 复古胶片滤镜的使用   038

    3.2.5 黑白滤镜的使用   039

3.3 调色对画面产生的作用   040

3.4 用剪映移动版进行调色的操作   042

    3.4.1 冷白色调：调出人物透亮肌肤   042

    3.4.2 蓝绿色调：使风景画面更通透   044

    3.4.3 红橙色调：制作唯美的夕阳色调   046

    3.4.4 黑白色调：最简单的颜色更突出画面   048

    3.4.5 曲线调色功能的使用   049

第4章 剪映移动版的音频功能

4.1 音频的作用   052

4.2 添加音频的操作方法　　053
　　4.2.1 音乐的添加　　053
　　4.2.2 音效的添加　　057
4.3 处理音频的常用技巧　　058
　　4.3.1 调节音频的音量　　059
　　4.3.2 对音频进行裁剪　　060
　　4.3.3 添加淡入淡出效果　　061

第5章　剪映移动版的文字功能

5.1 添加与调整文字　　064
　　5.1.1 在视频中添加文字　　064
　　5.1.2 修改文字字体　　066
　　5.1.3 调整文字样式　　067
　　5.1.4 调整文字位置　　068
5.2 给文字添加特效　　070
　　5.2.1 添加文字花体效果　　070
　　5.2.2 添加文字描边效果　　071
　　5.2.3 添加文字动画效果　　072
5.3 自动识别字幕　　076

第6章　初步认识剪映专业版

6.1 认识操作界面　　080
　　6.1.1 初始界面　　080
　　6.1.2 编辑界面　　083

6.2 新建项目与导入素材　　087
6.3 新建草稿　　089
6.4 打开多个草稿　　091
6.5 素材的筛选和整理　　092

第7章 剪映专业版的基础剪辑功能

7.1 进行视频素材的粗剪　　096
7.2 调整视频素材的时长　　097
7.3 调整视频素材的位置　　098
7.4 视频素材的倒放处理　　100
7.5 调整视频播放的速度　　101
7.6 替换合适的视频素材　　102
7.7 调整视频的画幅比例　　103
7.8 视频的导出与保存　　105

第8章 剪映专业版的滤镜、调色与转场功能

8.1 给视频添加滤镜　　108
  8.1.1 添加风景滤镜　　109
  8.1.2 添加人像滤镜　　111
  8.1.3 添加相机模拟滤镜　　113
  8.1.4 添加夜景滤镜　　115
  8.1.5 添加复古胶片滤镜　　117

8.2 对视频进行调色　　　　　　　119

　　8.2.1 基础调色　　　　　　　120
　　8.2.2 HSL调色　　　　　　　124
　　8.2.3 曲线调色　　　　　　　126
　　8.2.4 色轮调色　　　　　　　127
　　8.2.5 调节锐化与颗粒效果　　　129
　　8.2.6 添加暗角效果　　　　　　131

8.3 给视频添加转场效果　　　　　133

　　8.3.1 认识常用的转场效果　　　133
　　8.3.2 如何选择合适的转场效果　134
　　8.3.3 添加转场效果实例分析　　135
　　8.3.4 优化视频转场的技巧　　　137

第9章 剪映专业版的音频功能

9.1 添加音频的操作方法　　　　　140

　　9.1.1 音乐的添加　　　　　　　140
　　9.1.2 音效的添加　　　　　　　144

9.2 处理音频的常用技巧　　　　　145

　　9.2.1 从视频中分离音频　　　　145
　　9.2.2 对音频进行裁剪　　　　　147
　　9.2.3 调整音频的位置　　　　　148
　　9.2.4 调节音频的音量　　　　　150
　　9.2.5 对音频进行变速　　　　　151
　　9.2.6 对音频进行降噪　　　　　152
　　9.2.7 添加淡入淡出效果　　　　153

第10章 剪映专业版的文字功能

10.1 添加与调整文字 156
10.1.1 给视频添加文字 156
10.1.2 修改文字参数 159
10.1.3 设置双语字幕 161

10.2 给文字添加特效 163
10.2.1 添加文字花体效果 163
10.2.2 添加文字气泡效果 164
10.2.3 添加文字动画效果 165
10.2.4 使用文字模板功能 169

10.3 自动识别字幕 171

第11章 剪映的AI功能

11.1 认识剪映中常用的AI功能 174

11.2 剪映移动版的AI功能实操方法 175
11.2.1 AI生成视频 175
11.2.2 AI添加特效 177

11.3 剪映专业版的AI功能实操方法 178
11.3.1 AI生成与匹配文案 178
11.3.2 AI个性化配音 181

剪映是抖音官方出品的剪辑软件，与抖音无缝衔接。它拥有强大的视频编辑功能，如添加特效、转场、滤镜和音效等，操作简便，适合各类视频创作。剪映还支持高帧率视频剪辑，保证视频流畅度。不论是酷炫的转场效果还是生动的滤镜，剪映都能助用户一臂之力，让用户的视频在海量内容中脱颖而出。

剪映包含移动版和专业版，分别面向使用手机和电脑进行视频剪辑的用户。

剪映移动版的操作界面非常简洁，功能分布明确，适合新手操作，并且因其与抖音相互关联，受到大量抖音用户的欢迎。

1.1 什么是视频剪辑

在学习使用剪映移动版之前，我们需要先了解一下什么是视频剪辑。

视频剪辑一直是一项充满创意和技术含量的工作。在数字时代，视频剪辑的应用非常广泛。无论是电影、电视剧、纪录片，还是广告、多媒体课件、短视频等，都离不开视频剪辑。它不仅能够将创作者的想法完美地呈现出来，还能为观众带来丰富多彩的视觉盛宴。

从创意角度来说，视频剪辑就像是在搭建一座艺术的大厦。创作者如同一位导演，根据视频的主题和想要传达的情感，精心挑选素材，构建起一个引人入胜的故事。不同的镜头组合可以产生截然不同的效果，一个巧妙的转场可能会给观众带来惊喜，而恰到好处的音乐和音效则能增强视频的感染力。

从技术层面来说，它涉及对大量拍摄素材的筛选、整理和组合。创作者需要熟练掌握专业的剪辑软件，运用各种工具进行精确的裁剪、拼接、调色、添加特效和转场等操作，使视频在视觉上更加流畅、美观，从而提升观众的观看体验。

具体来说，剪辑具有以下重要作用。

1. 突出重点，优化内容表达

创作者通过剪辑可以挑选出最精彩、最关键的画面和片段，将核心内容突出呈现，让观众快速抓住视频的主旨。例如，在一部纪录片中，可以把最能体现主题的场景和人物访谈片段剪辑在一起，增强画面的表现力。

剪辑还能够调整视频的节奏，使其张弛有度。例如，对于紧张刺激的场景，可以加快画面切换频率，营造紧张氛围；而对于抒情优雅的场景，可以放慢节奏，让观众有时间去感受气氛和情感的细腻变化。

2. 丰富画面层次，提升视觉效果

剪辑过程中可以剪掉拍摄时出现的失误、穿帮镜头、背景杂音等，让视频更加完美；还可以运用转场、特效、调色等，为视频增添艺术气息。例如，使用淡入淡出的转场可以使画面过渡得更加自然；通过调色可以营造出不同的氛围，增强视频艺术感。

3. 满足不同平台需求，实现个性化定制

不同的视频平台对视频的时长、格式等有不同的要求，通过剪辑

可以将视频调整为适合特定平台播放的版本。创作者还可以根据不同的目标受众和用途,剪辑出有针对性的视频内容。

1.2 剪映移动版的特点

剪映移动版是一款全能易用的视频剪辑软件,具备以下特点。

1. 直观易用的创作面板

在剪映移动版的创作界面中,官方采用了更直观、更方便的分区域创作面板,分门别类地显示各种功能,让视频剪辑变得更简单、高效,为更多人提供畅爽的剪辑体验。

2. 海量素材库

剪映移动版的素材库功能强大,支持搜索海量音频、表情包、贴纸、花字、特效、滤镜等,满足用户的各类创作需求,让视频表达更加丰富生动。需要注意的是,用户在使用素材时要注意版权问题,检查素材是否可以商用,避免后期二次处理。

3. 一键分享功能

目前,剪映移动版已经与抖音、微信、小红书等软件互联,用户在使用剪映完成剪辑后,可以直接将作品一键分享至各大社交平台,方便快捷。

4. 丰富的AI功能

剪映移动版为用户提供了丰富且实用的AI功能,如AI生成视频、AI智能剪辑、AI识别字幕、AI配音等。用户在使用剪映进行剪辑时,可以把繁复的操作交给AI,让创作事半功倍。

1.3 剪映移动版和专业版的对比

剪映移动版和专业版都可以在剪映官网直接下载，它们在以下多个方面存在明显区别。

1. 操作界面的区别

剪映移动版适配手机屏幕，界面简洁直观，操作主要通过触摸完成。由于手机屏幕尺寸有限，一些功能的展示可能相对简洁，部分选项可能会被隐藏，需要用户进行一定的操作才能查看和管理。

剪映专业版需要在电脑上运行，界面布局更清晰，素材库、监视窗口、轨道等区域划分明确，方便用户同时查看和操作多个素材。不同的素材有不同的轨道，对于复杂的视频编辑项目，轨道管理更加方便，用户可以更直观地对视频、音频、文字等不同元素进行分层编辑和管理。

2. 设备适配性的区别

剪映移动版可以在各种智能手机上运行，方便用户随时随地进行视频编辑，具有很强的便携性。不过，如果手机性能不足，在处理较长或复杂的视频时，可能会出现卡顿、发热等问题，且长时间使用手机编辑可能会受到电量和屏幕尺寸的限制。

剪映专业版需要电脑的操作系统支持，对电脑的硬件配置有一定要求，如处理器、内存、显卡等。如果能满足硬件要求，剪映专业版在处理大型视频项目或高清素材时，性能相对更稳定，不易出现卡顿现象。

3. 剪辑功能的区别

剪映移动版和专业版都具备裁剪、分割、拼接、调整顺序等基础剪辑功能，但剪映专业版在高级剪辑功能方面更加强大。在操作方式上，剪映移动版通过手指触摸操作，对于简单的视频剪辑需求可以更加快速方便地完成，但在精确性上可能稍逊一筹；剪映专业版使用鼠标和键盘操作，对于一些精确的剪辑操作，如精确到帧的剪辑、快速选择和拖动素材等，更加方便和高效。

4. 特效与滤镜功能的区别

剪映移动版和专业版都拥有丰富的特效和滤镜。不过，剪映专业版的特效和滤镜在数量和质量上可能更具优势，更适合专业视频制作，能够满足一些对视频效果要求较高的用户的需求。

5. 文字功能的区别

剪映移动版和专业版都支持对文字的识别与编辑，但在识别准确率和编辑便利性上可能有所不同。剪映移动版文字编辑功能相对简单，可以快速添加一些简单的文字特效；剪映专业版在处理大量文字时，编辑效率更高，并且可以对文字的样式、字体、颜色、大小等进行更细致的调整。

6. 导出设置的不同

剪映移动版的导出设置相对简单，并有开启智能HDR的选项，开启后系统会根据素材内容智能化地将其转换为HDR视频，方便用户快速导出适合在手机上播放的视频。

剪映专业版导出视频时可以选择码率、编码方式和格式等参数。码率方面有多个选项可供选择，编码方式可以选择H.264或HEVC等，格式可以选择MOV或MP4等。用户可以根据自己的需求和使用场景进行详细设置，以获得最佳的视频质量和文件大小。

综上所述,剪映移动版适合普通用户、短视频爱好者或需要快速编辑视频的用户;剪映专业版适合专业的视频编辑人员、影视制作从业者或对视频质量要求较高的用户。例如,用户在日常生活中记录旅行、聚会等场景,或者需要在短时间内快速制作并分享一个短视频到社交媒体平台,剪映移动版可以轻松满足这些需求;而广告制作者、影视后期制作者、自媒体专业创作者等,他们需要更强大的功能和更精细的操作来完成复杂的视频项目,因此使用剪映专业版更加合适。

有关剪映专业版的内容我们会在6—10章里具体讲解,下面让我们从操作界面开始,逐步深入学习使用剪映移动版创作高质量的视频作品。

1.4 认识操作界面

剪映移动版的操作界面简洁清爽、直观易懂,主要包括以下几个部分。

1. 初始界面

点击手机上的"剪映移动版"图标,即可进入初始界面。在初始界面中,包含"创作模板""一键成片""图文成片"等快捷功能选项,以及"+开始创作""本地草稿"等操作区域,如图1-1所示。"+开始创作"区域用于创建一个新的视频剪辑任务;"本地草稿"区域则保存了用

图1-1

户退出编辑时自动保存的项目,方便用户再次编辑。点击"+开始创作"导入素材,或者直接点击草稿文件,即可打开编辑界面。

2. 编辑界面

(1)显示面板:位于界面的上半区,可以对正在操作的视频进行预览观看,以及后期对素材进行编辑操作,如调整和检查等,如图1-2所示。

(2)操作面板:位于界面的中间区域,包括视频轨道和音频轨道等,视频的处理工作主要是在此处进行的,如图1-3所示。

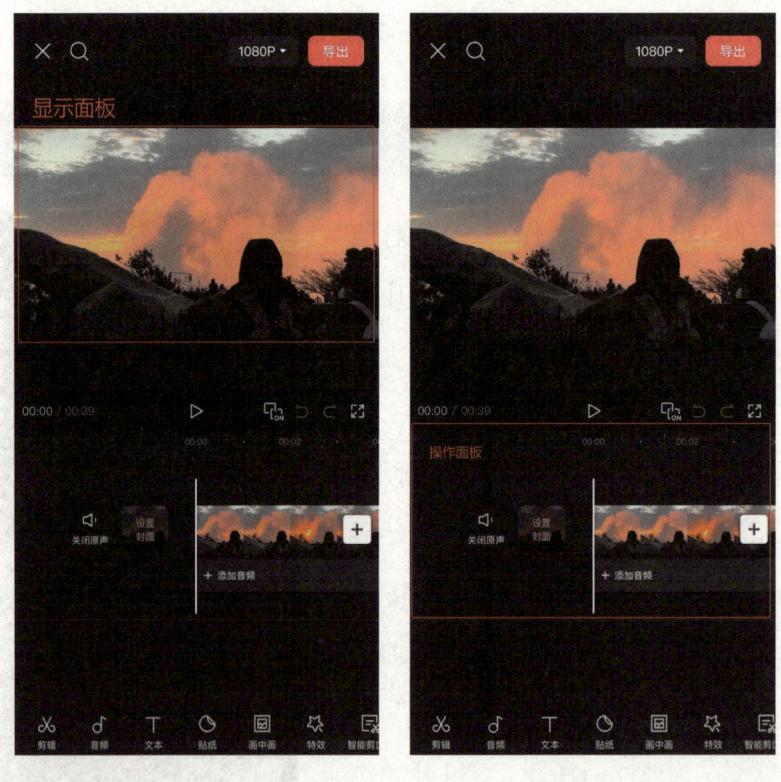

图1-2　　　　　　　　　　图1-3

(3)功能面板:位于屏幕的最下方,通过左右滑动可以查找更多的功能，如图1-4所示。功能面板包含了丰富的剪辑工具，如分割、变速、倒放、音量调节、变声、降噪等，以及音频工具、文本工具、贴纸工具、画中画工具、特效工具等，方便用户对视频进行各种编辑处理。

在编辑界面中，用户还可以在右上角对视频的分辨率进行设置。当用户编辑好视频后，可以点击右上角的"导出"选项保存作品或将其上传到相关平台。

总体来说，剪映移动版的操作界面设计简洁明了，功能丰富且易于操作，即便是视频剪辑新手也能轻松上手。

图1-4

1.5 新建剪辑项目

在剪映移动版中新建一个剪辑项目，可以按照以下步骤进行操作。

（1）点击手机上的"剪映移动版"图标，进入初始界面，点击"+开始创作"。这时，系统会自动跳转到手机相册中的视频界面，在这里选择想要添加的视频素材，然后点击"添加"，如图1-5所示。

（2）至少需要添加一个素材，也可以同时添加多个素材。添加之后，页面会自动跳转到编辑界面，此时项目新建完成，可以开始对素材进行剪辑操作了。

需要注意的是，导入的视频素材应符合剪映移动版的格式要求，否则可能无法成功导入或正常使用。

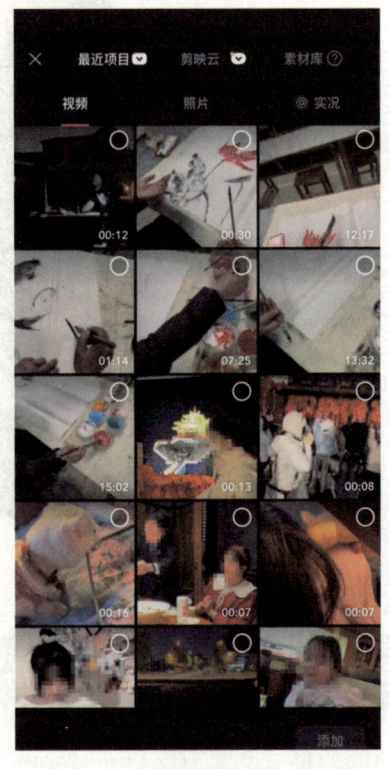

图1-5

剪映移动版的基础剪辑功能十分全面，涵盖裁剪、移动、倒放、变速、镜像、定格、调整画幅比例等功能，能满足用户对视频素材进行基本处理的需求，并能帮助用户制作出具有创意和专业感的视频效果。

2.1 视频素材的简单裁剪

下面详细介绍如何使用剪映移动版简单裁剪视频素材。

（1）打开剪映移动版，点击初始界面的"+开始创作"，从手机相册中选择需要剪辑的视频素材，点击"添加"新建项目。

（2）在打开的编辑界面中，点击视频下方功能面板中的"剪辑"选项，如图2-1所示。

（3）移动轨道中的视频条，使白色竖线对准需要分割的位置，点击页面下方的"分割"选项，这样视频素材就被拆分成了两部分，如图2-2所示。

图2-1

（4）用户可以根据自己的需求将视频自由分割成多个片段，如图2-3所示。分割完成后，选择不需要的视频片段，点击"删除"选项进行删除即可。还可以根据需要点击轨道右侧的"+"方块，添加其他视频素材。

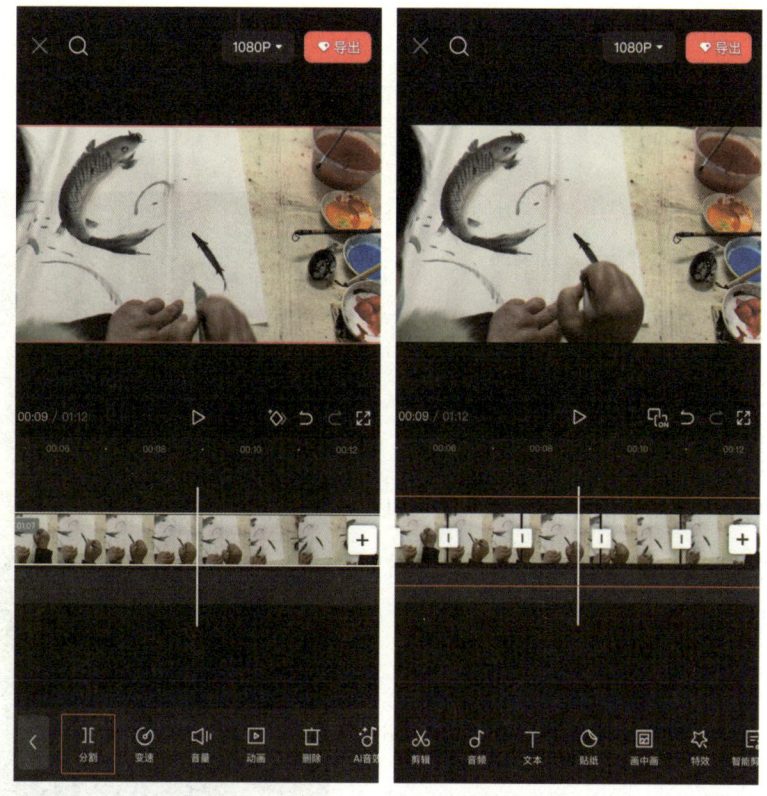

图2-2　　　　　　　　图2-3

（5）完成对视频的裁剪操作后，可以点击轨道上方的三角形播放按钮预览视频整体效果，并对不满意的地方继续进行裁剪。

2.2 移动视频素材的位置

在剪辑视频时，合理调整视频素材的位置，能让故事按照清晰合理的顺序展开，增强故事的连贯性和可理解性，优化叙事逻辑。例如，在讲述一个人从童年到成年的成长经历时，按时间顺序排列素材，能让观众更好地理解人物成长历程。

通过调整视频素材的位置，还可以改变视频节奏，营造不同氛围。合适的素材位置能使场景或情节转换更自然，避免转场生硬。

使用剪映移动版移动视频素材的位置，可以按照以下步骤进行操作。

（1）打开剪映移动版，点击初始界面的"+开始创作"，从手机相册中选择需要移动位置的视频素材，点击"添加"新建项目。

（2）在打开的编辑界面中，将视频素材分割成多个片段，在轨道中选中想要调整位置的视频片段，如图2-4所示。

（3）长按选中的视频片段，然后将其拖动到用户想要的位置即可，如图2-5所示。如果需要更精确地调整，可以双指操作在轨道中放大视频片段。

图2-4

图2-5

2.3 视频素材的倒放处理

视频的倒放效果能够让常见的动作和场景呈现截然不同的样子，带来新奇感和趣味性。例如，水流倒流、人倒着走路等，都可以吸引观众的注意力。在一些奇幻、科幻类的视频中，倒放可以营造出神秘、梦幻、超现实的氛围，契合故事的主题和风格。例如，某部科幻电影里主角穿越时空时，用倒放画面来表现时空的逆转。

使用剪映移动版对视频素材进行倒放处理是一个相对简单的过程，以下是详细的步骤。

（1）打开剪映移动版，点击初始界面的"+开始创作"，从手机相册中选择想要倒放处理的视频素材，点击"添加"新建项目。

（2）在编辑界面的轨道中选中视频素材。如果用户只想倒放视频的一部分，可以将视频分割成多个片段，然后选择需要倒放的那个片段。

（3）选中视频片段后，点击屏幕下方的"剪辑"选项，然后向右滑动找到"倒放"功能并点击，如图2-6所示。此时，该视频片段将会被倒放，并出现"倒放成功"的提示，如图2-7所示。

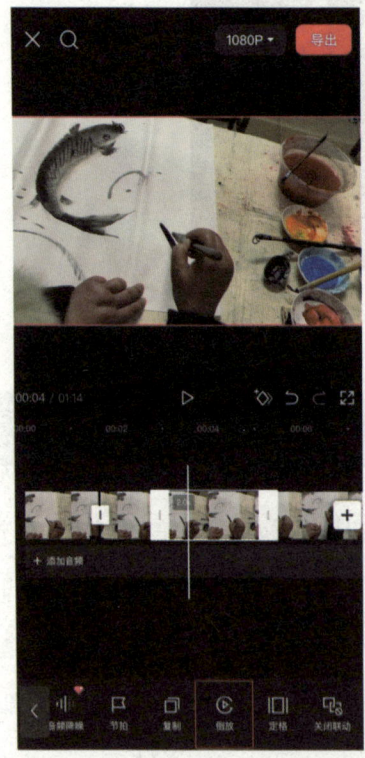

图2-6

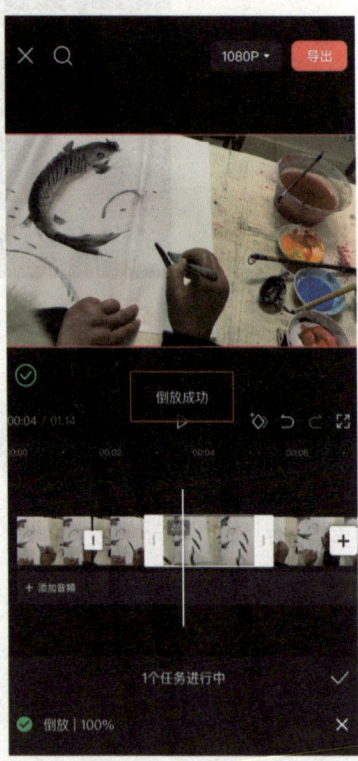

图2-7

2.4 视频素材的变速处理

对视频素材做变速处理也是在剪辑时常用的一个功能。快速的画面能带来紧张、刺激的感觉，如赛车比赛视频的快放，可以凸显速度与激情；慢动作则可捕捉瞬间的精彩，如体育赛事中运动员的精彩动作慢放，可以突出动作的美感和力量感。如果视频素材过长或过短，通过变速处理可以在一定程度上调整视频的时长，使其符合创作需求，避免因时长问题影响内容的呈现。

使用剪映移动版对视频素材进行变速处理，可以通过以下几种方法实现。

1. 常规变速

打开剪映移动版，点击初始界面的"+开始创作"，从手机相册中选择需要变速处理的视频素材，点击"添加"新建项目，在轨道中选中要变速的视频片段，点击功能面板中的"剪辑"选项，选择"变速"，如图2-8所示。继续选择"常规变速"，即可拖动红色圆圈来改变视频的播放速度，让视频在播放过程中产生加速或减速的效果，如图2-9所示。调整完成后，点击对号图标保存结果。

 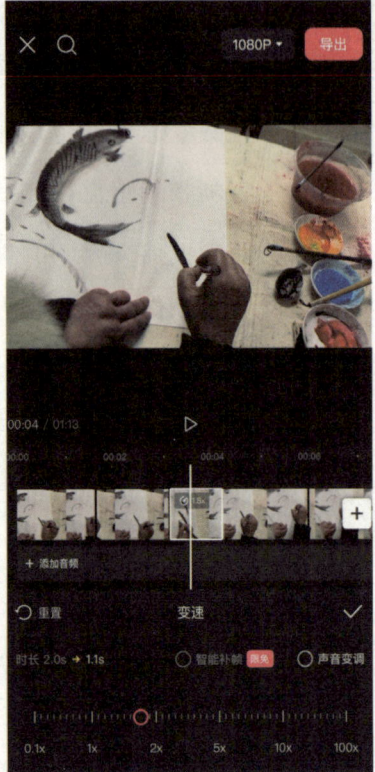

图2-8　　　　　　　　　　图2-9

2. 曲线变速

在轨道中选中想要变速的视频片段,点击功能面板中的"剪辑"选项,选择"变速",再选择"曲线变速",即可进入曲线编辑器,如图2-10所示。这里有"蒙太奇""英雄时刻"等多种曲线变速模式可供选择,或者选择"自定"选项,通过向上或向下拖动曲线来调整视频的播放速度。向上拖动,视频就会加速;向下拖动,视频就会减速。调整完成后,点击对号图标保存结果。

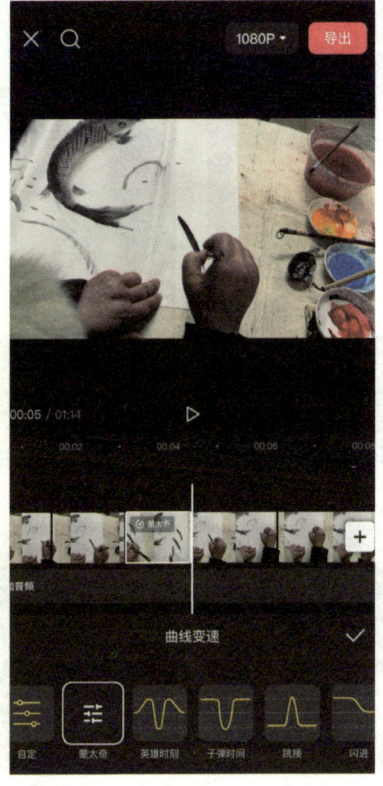

图2-10

3. 变速卡点

在轨道中选中想要变速的视频片段,点击功能面板中的"剪辑"选项,选择"变速",再选择"变速卡点",即可选择各种预设的变速卡点效果,如图2-11所示。点击任意效果选项即可将其添加到需要变速的视频片段中,再点击效果选项上浮现的编辑图标,可以进一步调整各项参数,如图2-12所示。调整完成后,点击对号图标保存结果。

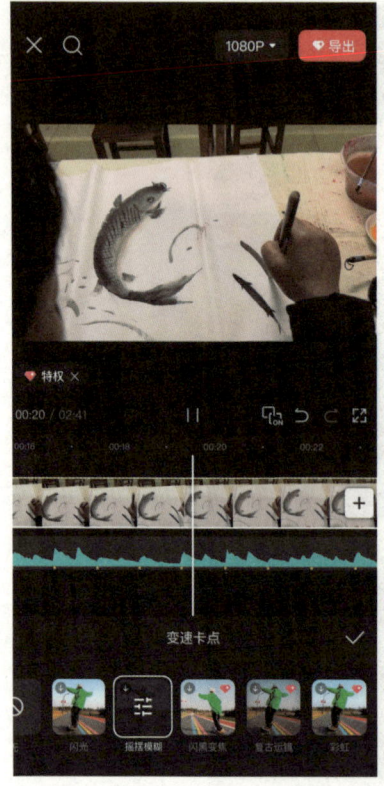
图2-11
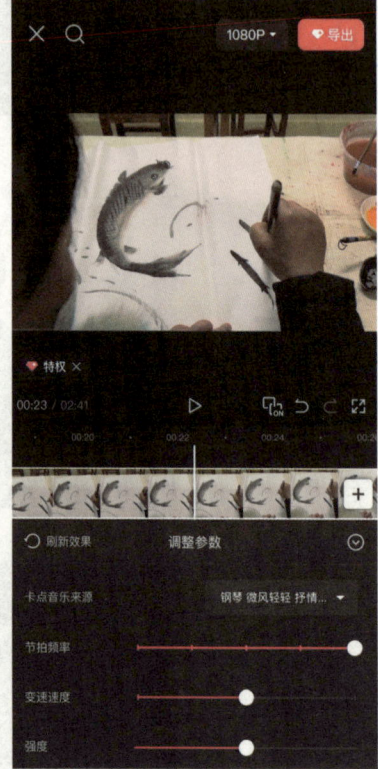
图2-12

2.5 视频素材的镜像处理

在拍摄过程中，场地、角度等限制，可能会导致拍摄的画面无法满足需求。在这种情况下，可以通过镜像效果对画面进行调整，使其更符合预期。例如，拍摄人物正面镜头时，背景不理想，通过镜像处理，可能会得到相对满意的效果。

使用剪映移动版对视频素材进行镜像处理，可以按照以下步骤进行操作。

（1）打开剪映移动版，点击初始界面的"+开始创作"，从手机相册中选择需要镜像处理的视频素材,点击"添加"新建项目。

(2)在打开的编辑界面中,选中视频素材。如果用户只想镜像处理视频的一部分,可以将视频分割成多个片段,然后选择需要镜像处理的片段。

(3)点击视频下方功能面板中的"剪辑"选项,再选择"编辑",会出现"镜像""旋转""调整大小"等选项。在这些选项中选择"镜像",如图2-13所示。剪映移动版默认提供的镜像方式为水平镜像,即将视频左右翻转,如图2-14所示。

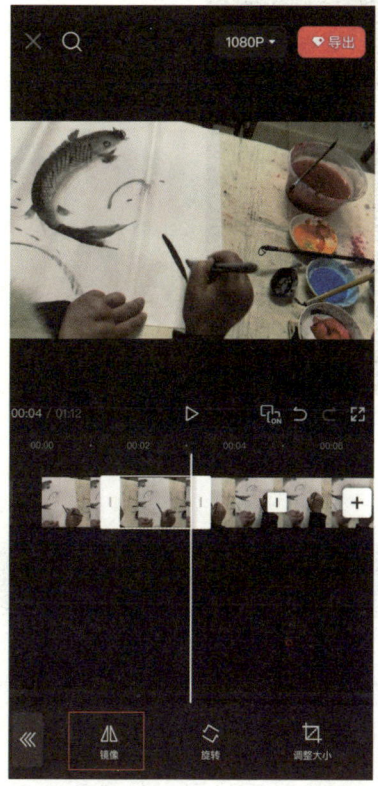

图2-13

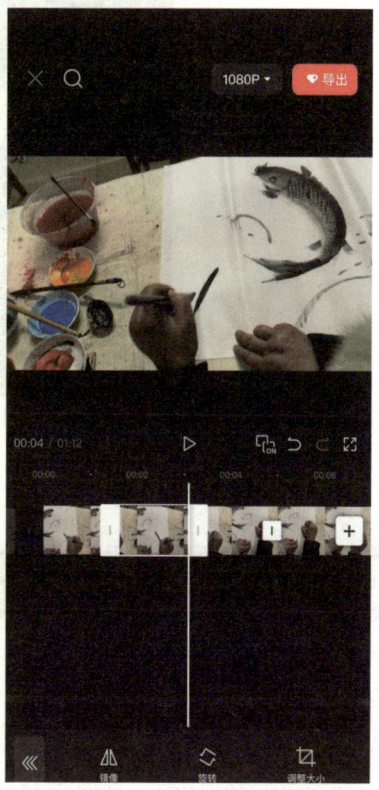

图2-14

(4)此时,我们可以看到视频画面已经发生了变化。我们还可以点击"旋转"选项，通过调整视频的方向，实现视频素材的垂直镜像，如图2-15所示。

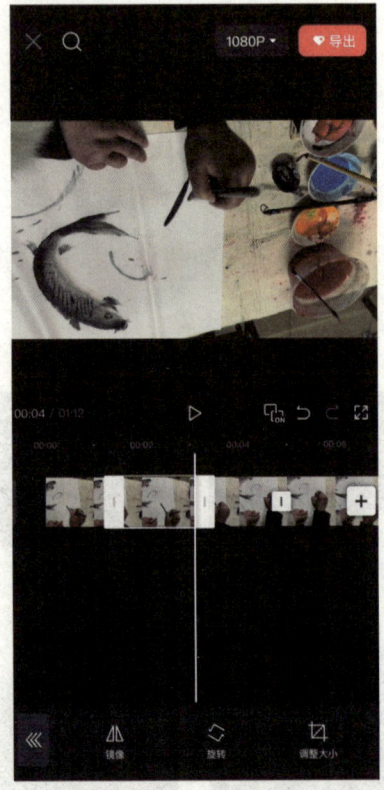

图2-15

2.6 视频素材的定格处理

定格画面可以让观众的注意力集中在特定的瞬间。例如，在悬疑类视频里，主角发现重要线索时的定格，会增强紧张感和戏剧性。

使用剪映移动版对视频素材进行定格处理，可以按照以下步骤进行操作。

（1）点击初始界面的"+开始创作"，从手机相册中选择需要定格处理的视频素材,点击"添加"新建项目。

(2)在打开的编辑界面中,找到用户想要定格的画面,可以通过在轨道中滑动视频条或者直接播放视频素材来进行定位。

(3)定位完成后,点击"剪辑"选项,然后在剪辑界面选择"定格"选项,如图2-16所示。可以发现定位处产生了一段新的视频片段,其画面均为想要定格的画面,如图2-17所示。

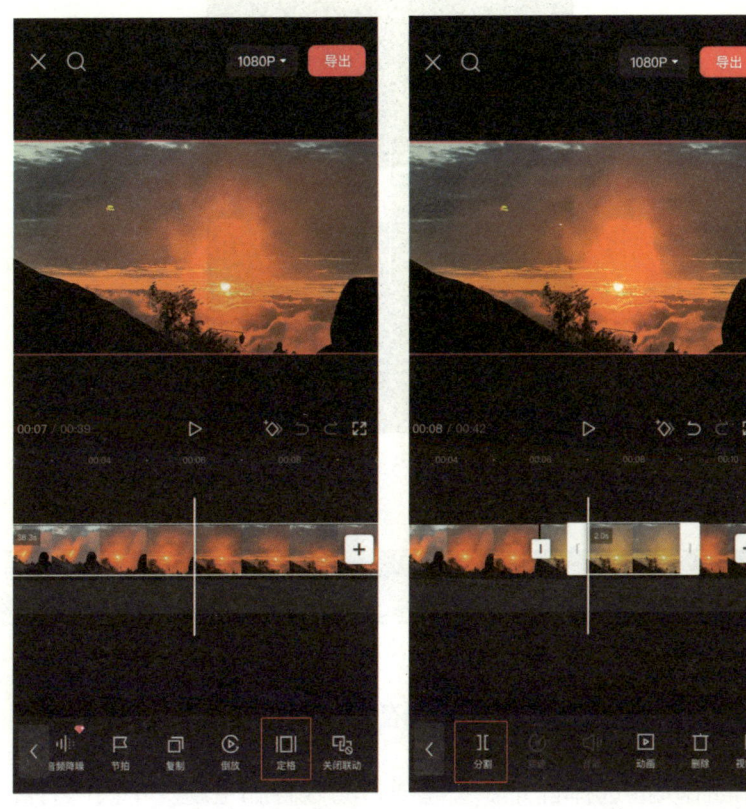

图2-16　　　　　　　　　　图2-17

(4)选中定格画面的视频片段,拖动左右两侧的白色滑块,可以调整定格画面的时长,如图2-18所示。这样,视频就会在播放到这个片段时瞬间定格。

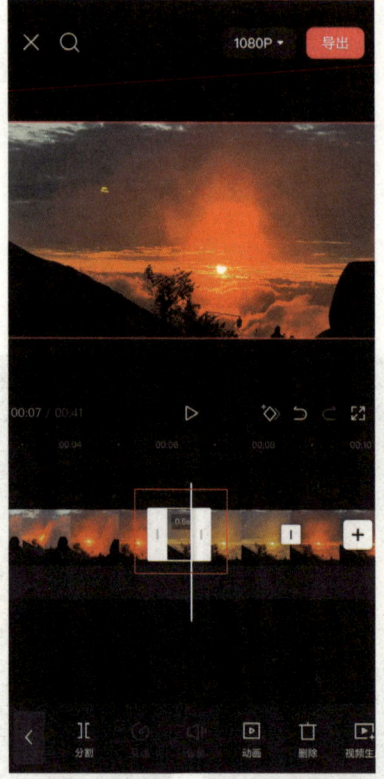

图2-18

2.7 调整视频的画幅比例

2.7.1 选择画幅比例的依据

画幅比例的选择首先要考虑视频的内容和主题。不同内容和主题的视频适合使用不同的画幅比例。例如,对于风景类视频,选择较宽的画幅比例可以更好地展现广阔的自然风光;而对于人物特写或访谈类视频,选择较窄的画幅比例可以更加突出人物的表情和细节。

同时,在视频创作时要考虑播放的平台和设备。不同的播放平台和设备对画幅比例有不同的要求和限制。例如，一些短视频平台可能更适合竖屏播放，而一些长视频平台则更适合横屏播放。此外，不同的设备有着不同的屏幕大小和分辨率，也会对画幅比例有一定要求。因此，在选择画幅比例时，需要了解目标播放平台和目标设备的具体要求，以确保视频能够在播放平台上得到最佳的显示效果。

画幅比例的选择还需要考虑观众的喜好和审美趋势。不同的观众群体对画幅比例的偏好可能有所不同。例如，年轻人可能更喜欢时尚、流行的画幅比例，而中老年人可能更喜欢传统、稳重的画幅比例。因此，在选择画幅比例时，需要了解目标观众群体的喜好和审美，以更好地满足他们的需求。

在选择画幅比例时，还需要保持视频的一致性和稳定性。如果一个视频中包含多个不同的画幅比例，可能会给观众带来混乱和不适。因此，在选择画幅比例时，需要确保整个视频的画幅比例保持一致，避免出现抖动或变形等情况，以提高视频的整体美感和观赏性。

综上所述，选择合适的画幅比例需要考虑多个因素，包括视频内容和主题、播放平台和设备、观众喜好和审美趋势，以及保持一致性和稳定性等。只有在综合考虑这些因素的基础上，才能选择出最适合视频的画幅比例，使视频更具吸引力和感染力。

2.7.2 使用剪映移动版调整视频的画幅比例

使用剪映移动版可以轻松调整视频的画幅比例，以下是详细的操作步骤。

（1）打开剪映移动版，点击初始界面的"+开始创作"，从手机相册中选择需要剪辑的视频素材，点击"添加"新建项目。

（2）在打开的编辑界面中，点击轨道中的视频片段，使其处于选中状态，在界面下方的功能面板中找到"比例"选项并点击，如图2-19所示。

图2-19

（3）在弹出的菜单中提供了多种画幅比例，如9∶16、16∶9、1∶1、4∶3等，如图2-20所示。用户根据实际需求进行选择。

（4）调整画幅比例后，视频可能会出现黑边或者部分内容被裁剪的情况。这时，用户可以通过双指操作放大画面，使画面在新的画幅比例中达到合适的效果，如图2-21所示。

图2-20　　　　　　　　　图2-21

（5）画面调整完成后，点击右下角的对号图标确认更改。

2.8　视频的导出与保存

在使用剪映移动版对视频素材进行剪辑处理后，我们往往需要点击轨道上方的三角形播放按钮预览视频整体效果，确认满意后，便可点击右上角的"导出"选项，在导出界面中选择合适的分辨率、帧率等参数，如图2-22所示。一般选择分辨率为"1080P"，帧率为"60"，以保证视频质量。

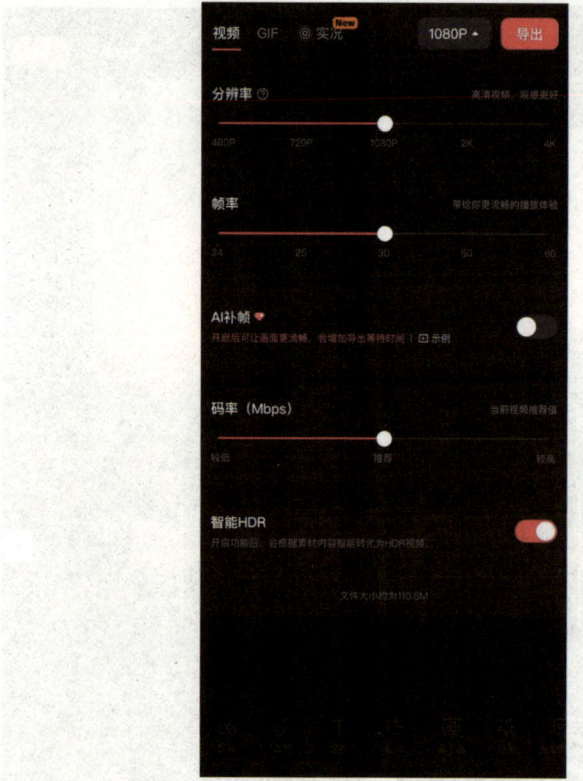

图2-22

选择完参数后,点击右上角的"导出"选项,等待视频导出即可。导出完成后,视频将自动保存到手机相册中。

第3章

剪映移动版的滤镜和调色功能

剪映移动版的滤镜和调色功能为创作者提供了丰富的创作空间和可能性。

滤镜功能方面,剪映移动版内置了多种风格各异的滤镜,如电影增质、高清自然、清新质感等,能够迅速转变视频的整体风格与氛围,如图3-1所示。用户可以根据视频的主题和情感氛围选择合适的滤镜,例如,使用"电影增质"滤镜能增强画面的对比度和色彩饱和度,赋予视频更多层次感和立体感,而使用"清新质感"滤镜可以为自然风光和旅行视频增添一种清新的美感。此外,滤镜还能在一定程度上掩盖视频中的小瑕疵,如光线问题或色彩不够鲜艳等,使视频呈现更加完美的状态。

图3-1

调色功能方面，剪映移动版提供了精细的色彩调节选项，如图3-2所示。用户可以通过调节亮度、对比度、饱和度等参数，来改变视频的色彩和明暗效果。例如，提高亮度可以让画面变得更亮，提高对比度则可以让画面中的亮部和暗部差异更明显，从而增强层次感。此外，剪映移动版还支持智能调色功能，利用算法自动调整视频的色彩和对比度，提高视频质量。对于追求更高调色精度的用户，剪映移动版还提供了曲线调色功能，允许用户深入探索色彩的奥秘，为视频增添更多层次和细节。

图3-2

值得一提的是，剪映移动版的滤镜和调色功能并不是孤立的，它们可以与其他元素（如转场特效、光影特效、文字等）相结合，共同提升视频的表现力。用户可以根据自己的需求和创意，灵活运用这些功能对视频进行个性化的色彩处理，创作出具有个人特色的视频作品，使视频更具吸引力和艺术感。

3.1 滤镜对画面产生的作用

在具体介绍剪映移动版的滤镜使用操作之前,我们需要先了解滤镜对画面产生的作用。

给视频添加滤镜能够调节画面的色温、对比度和饱和度,弥补画面中色彩不足的问题,使画面更加生动鲜明,从而提升视频的整体美感。通过滤镜的修饰,画面的色彩会更加鲜艳,显得更加生动,提升观众的观看体验。如图3-3所示,左侧为没加滤镜的原图,右侧为加了滤镜的效果。

图3-3

此外,为视频添加滤镜还能起到美化画面与人物的作用。许多滤镜能够有效地修饰人物肤色,让肌肤看起来更加光滑细腻,从而提升个人形象。在人像视频中,使用滤镜可以让人物更加精致,同时营造出柔和的光影效果。如图3-4所示,左侧为没加滤镜的原图,右侧为加了滤镜的效果。

图3-4

滤镜的种类繁多，从清新自然到复古怀旧再到梦幻仙境，几乎能够满足各种风格的需求。创作者可以根据自己的内容和想要传达的情绪选择合适的滤镜，使视频更具个性化。这种个性化不仅能够让创作者展示自己的风格，还能让观众更好地理解视频所传达的情感。需要注意的是，过度使用滤镜可能会导致画面失真，因此在使用滤镜时要适度保持画面的自然感。

3.2 剪映移动版中不同滤镜的使用

3.2.1 风景滤镜的使用

风景滤镜是剪映移动版中常用的滤镜种类之一，能增强画面的色彩饱和度、对比度等，让景色更鲜艳生动，如让草地更翠绿、天空更澄澈，从而提升整体视觉效果，增强画面美感。如果创作者在拍摄外景时受光线、天气等因素影响，导致画面质量欠佳，可选用风景滤镜进行一定程度的补救，让画面看起来更舒服。

接下来，详细介绍如何在剪映移动版中给视频添加风景滤镜。

（1）在剪映移动版中导入需要添加风景滤镜的视频素材后，在编辑界面下方的功能面板中找到并点击"滤镜"选项，如图3-5所示。

（2）在打开的滤镜选择界面中，可以看到多种滤镜分类，找到并选择"风景"分类，下方即出现多种风景滤镜，如"落日海岛""晴好春日"等，如图3-6所示。选择喜欢的滤镜效果，点击即可应用，滤镜效果会在上方画面中立刻显现。

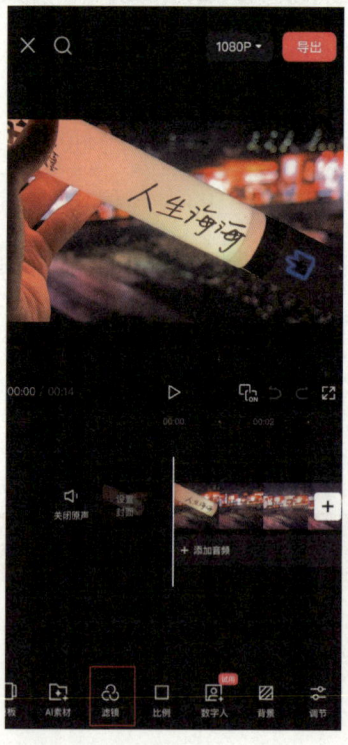

图3-5

图3-6

（3）此时，可以通过拖动滤镜界面下方的红色滑动条，调整滤镜的应用强度，向左拖动减弱效果，向右拖动增强效果。调整后点击对号图标即可回到视频编辑界面。

（4）在视频编辑界面中，可以点击轨道中出现的滤镜条，并拖动左右两侧的白色滑块，调整滤镜的持续时长，如图3-7所示。

3.2.2 人像滤镜的使用

为视频中的人物添加滤镜不仅可以平滑肌肤、去除瑕疵、调整肤色，使人物看起来更加年轻、迷人，还可以通过不同的滤镜传达不

图3-7

同的人物情感和氛围。例如，暖色调滤镜可以营造出人物温暖的形象，冷色调滤镜可以传递出人物忧伤或神秘的形象。

以下是使用剪映移动版给视频添加人像滤镜的步骤。

（1）在剪映移动版中导入需要添加人像滤镜的视频素材后，在编辑界面下方的功能面板中找到并点击"滤镜"选项。

（2）在打开的滤镜选择界面中，找到并选择"人像"分类，下方即出现多种人像滤镜，如"透亮""高清自然"等，如图3-8所示。

（3）选择合适的人像滤镜，点击即可应用，并可通过拖动滤镜

界面下方的红色滑动条调整滤镜的强度,如图3-9所示。调整后点击对号图标即可返回视频编辑界面。

图3-8

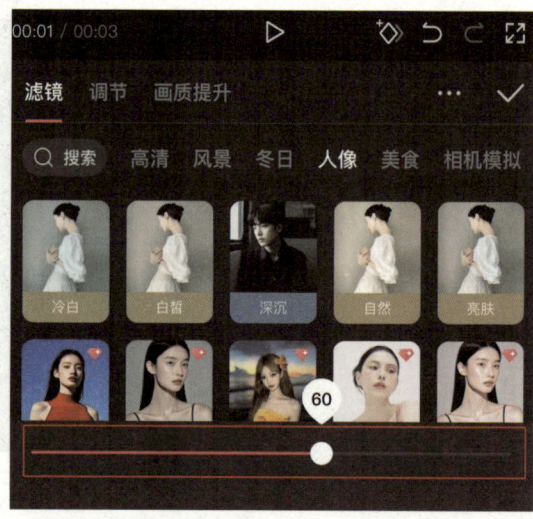

图3-9

(4)在视频编辑界面中,用户可以点击轨道中出现的滤镜条,并拖动左右两侧的白色滑块,自由调节滤镜的持续时长。

3.2.3 美食滤镜的使用

美食滤镜能够增强画面的色彩、对比度和饱和度,使美食看起来更加鲜艳诱人,细节更加清晰,从而激发观众的食欲,给观众带来更加沉浸式的观看体验。

以下是使用剪映移动版给视频添加美食滤镜的步骤。

(1)在剪映移动版中导入需要添加美食滤镜的视频素材后,在编辑界面下方的功能面板中找到并点击"滤镜"选项。

（2）在打开的滤镜选择界面中，找到并选择"美食"分类，下方即出现多种美食滤镜，如"鲜美""家宴"等，如图3-10所示。

（3）点击选中的美食滤镜，即可将其应用于视频画面。此时，左右拖动滤镜界面下方的红色滑动条即可调整滤镜的强度，使滤镜效果更自然，如图3-11所示。调整后点击对号图标即可返回视频编辑界面。

图3-10

图3-11

（4）在视频编辑界面中，用户可以点击轨道中出现的滤镜条，并拖动左右两侧的白色滑块，自由调节滤镜的持续时长。

3.2.4 复古胶片滤镜的使用

复古胶片滤镜往往会使画面呈现出褪色、断层或颗粒感，模拟早期数码照片或胶片电影的视觉特征，从而增强画面的艺术表现力。这种滤镜能够营造出一种怀旧的氛围，让观众仿佛置身于过去的时代，有助于激发观众的情感共鸣，特别是对于那些对过去有美好回忆的人，能够唤起他们的共鸣和回忆。因此，这种滤镜尤其适用于讲述过去的故事或表达怀旧情感的视频。

以下是使用剪映移动版给视频添加复古胶片滤镜的步骤。

（1）在剪映移动版中导入需要添加复古胶片滤镜的视频素材后，在编辑界面下方的功能面板中找到并点击"滤镜"选项。

（2）在打开的滤镜选择界面中，找到并选择"复古胶片"分类，下方即出现多种复古胶片滤镜，如"旧时来信""复古蓝调"等，如图3-12所示。

（3）用户可以尝试选择多种不同的滤镜，在上方视频画面中比对效果，找到最适合视频氛围的那一款。选定滤镜后，可以通过拖动下方红色滑动条调整滤镜的强度，确保不会过于突兀，使滤镜与视频内

图3-12

容自然融合，如图3-13所示。调整后点击对号图标即可返回视频编辑界面。

需要注意的是，虽然复古胶片滤镜能够提升视频的美感和表现力，但过度使用可能会导致画面失真或让观众感到审美疲劳。因此，在使用复古胶片滤镜时，创作者应根据视频的主题、光线条件和个人风格进行适度调整，以保持画面的自然感和真实感。

3.2.5 黑白滤镜的使用

黑白滤镜通过去除色彩，突出画面的光影和构图，常用于电影画面，使电影更加具有艺术感和表现力。黑白滤镜可以使观众更聚焦于人物的表情、动作和故事情节，增强画面的情感冲击力。

图3-13

以下是使用剪映移动版给视频添加黑白滤镜的步骤。

（1）在剪映移动版中导入需要添加黑白滤镜的视频素材后，在编辑界面下方的功能面板中找到并点击"滤镜"选项。

（2）在打开的滤镜选择界面中，找到并选择"黑白"分类，下方即出现多种黑白滤镜，如"高清黑白""森山"等，如图3-14所示。

（3）点击选中的黑白滤镜，即可将其应用于视频画面。此时，左右拖动滤镜界面下方的红色滑动条即可调整滤镜的强度，使滤镜效果更自然，如图3-15所示。调整后点击对号图标即可返回视频编辑界面。

（4）在视频编辑界面中，用户可以点击轨道中出现的滤镜条，并拖动左右两侧的白色滑块，自由调节滤镜的持续时长。

图3-14

图3-15

3.3 调色对画面产生的作用

在具体介绍剪映移动版的调色操作之前，我们需要先了解调色对画面产生的作用。

调色常需调节画面的色温、亮度、对比度、饱和度等，下面逐一介绍。

按不同色温对视频画面进行调色，主要分为暖色调、冷色调和中性色调。暖色调以红色、橙色、黄色等暖色为主，给人温暖、热情、有活力的感觉，适合表现温馨、热烈的主题。冷色调以蓝色、绿色等冷色为主，给人冷静、清新、宁静的感觉，适合表现平静、忧郁的场景。中性色调介于冷、暖色调之间，以灰色等中性色为主，平和、稳定，适合表现平衡、中性的主题。如图3-16所示，上半部分采用了暖色调，下半部分采用了冷色调。

图3-16

亮度是指画面的明亮程度。亮度越高，画面就越鲜亮甚至刺眼；亮度越低，画面就越暗淡甚至模糊。

对比度是指画面中不同颜色之间的差别。对比度越大，画面中不同颜色之间的差别就越大，整体也就越清晰醒目；对比度越小，画面中不同颜色之间的差别就越小，整体也就越模糊不清。

饱和度是指画面颜色的浓度或饱满程度。不同饱和度的画面在视觉感受和情感表达上有明显区别。高饱和度画面色彩鲜艳、饱和度高，给人强烈、醒目的感觉，适合表现活泼、热情的主题。中饱和度画面的色彩柔和自然，适合表现温馨、舒适的场景。低饱和度画面沉静冷淡，适合表现平静、怀旧的氛围。

另外，如果根据红、黄、蓝三种色调进行调色，那么红色调给人热情、奔放的感觉，适合表现强烈情感的主题；黄色调给人明亮、温暖、活泼的感觉，适合表现阳光、快乐的场景；蓝色调给人冷静、忧郁的感觉，适合表现宁静、深沉的主题。

通过选择不同的色调，可以有效地传达情感和主题，增强画面的表现力和感染力。

3.4 用剪映移动版进行调色的操作

3.4.1 冷白色调：调出人物透亮肌肤

创作者如果想要让视频中的人物发光透亮，就可以对其进行冷白色调调色。

以下是使用剪映移动版将视频画面调为冷白色调的具体步骤。

（1）在剪映移动版中导入需要调色的视频素材后，在编辑界面下方的功能面板中找到并点击"调节"选项，即可打开调色界面，如图3-17所示。

（2）在调色界面中找到并点击"色温"，即可通过滑动下方的滑块调节画面的色温，向左滑动降低色温，使画面偏向冷色调，如图3-18所示。

图3-17

图3-18

（3）根据需要，可在调色界面进一步调整亮度、对比度、饱和度等参数，以达到理想的冷白色调效果。调整方法与调节色温类似，在此不再赘述。调整后点击对号图标即可返回视频编辑界面。

（4）在视频编辑界面中，用户可以点击轨道中出现的调色条，并拖动左右两侧的白色滑块，自由调节调色效果的持续时长。

需要注意的是，参数调节需要根据素材和审美进行灵活调整，多尝试才能找到最佳效果。

3.4.2 蓝绿色调：使风景画面更通透

在视频画面中，蓝绿色调的运用可以营造出特定的氛围和情感。蓝色通常给人以冷静、深沉的感觉，适用于表现科技感、未来感或者神秘氛围的场景。例如，在科幻电影中，蓝色的基调可以更好地营造出宇宙的神秘和广阔。而绿色则给人以生机、自然的感觉，适合表现清新、静谧的场景，如自然风光、森林等。

此外，蓝绿色调在视频画面中的运用还可以帮助剪辑师更好地进行抠像。蓝色与很多人物肤色及物体颜色差异较大，使得后期抠像处理中对主体的分离相对容易。而绿色在色彩空间中具有较高的亮度和饱和度，这使得后期软件能够更准确地识别并去除绿色背景。在影视拍摄中，蓝幕和绿幕常被用作背景，以便在后期将背景与前景分离，合成其他背景或特效。因此，蓝绿色调的运用在视频剪辑中具有重要的实用意义。

以下是使用剪映移动版将视频画面调为蓝绿色调的具体步骤。

（1）在剪映移动版中导入需要调色的视频素材后，在编辑界面下方的功能面板中找到并点击"调节"选项，即可打开调色界面。

（2）在调色界面中点击"色温"，并将下方的滑块向左滑动，以增加冷色调；再点击"色调"，并将下方的滑块向左滑动，以增加绿色调，如图3-19所示。

第 3 章 剪映移动版的滤镜和调色功能

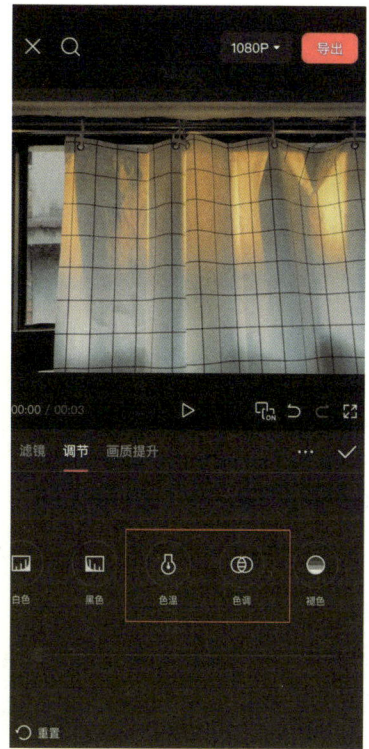

图3-19

（3）在调色界面中点击"饱和度"，并将下方的滑块向右滑动，以提高画面的饱和度，使蓝绿色更加鲜艳；再点击"对比度"，并将下方的滑块向右滑动，以增强画面的层次感。调整之后的画面效果如图3-20所示。调整后点击对号图标即可返回

图3-20

视频编辑界面。

（4）在视频编辑界面中，用户可以点击轨道中出现的调色条，并拖动左右两侧的白色滑块，自由调节调色效果的持续时长。

3.4.3 红橙色调：制作唯美的夕阳色调

通过运用红橙色调，可以营造出一种热烈、积极的氛围，使观众更容易沉浸于视频所传达的情感之中。此外，红橙色调还能够增强视频的视觉冲击力。在画面中，鲜艳的红橙色调往往能够吸引观众的注意力，使视频更加引人注目。这种色调的运用，有助于提升视频的观看体验和吸引力。

同时，红橙色调还能够与某些视频内容相呼应，强化主题表达。例如，在表现爱情、亲情等温馨主题的视频中，红橙色调的运用能够更好地凸显这些主题，使观众更加深刻地理解视频所传达的信息。

以下是使用剪映移动版将视频画面调为红橙色调的具体步骤。

（1）在剪映移动版中导入需要调色的视频素材后，在编辑界面下方的功能面板中找到并点击"调节"选项，即可打开调色界面。

（2）在调色界面中点击"色调"，并将下方的滑块向右滑动，以增加红色调。再点击"HSL"打开HSL调节页面，在此界面中调节红色和橙色在画面中的占比，使画面整体色彩更偏向红橙色调，如图3-21所示。

（3）调色完成后呈现的效果如图3-22所示。调整后点击对号图标即可返回视频编辑界面。

（4）在视频编辑界面中，用户可以点击轨道中出现的调色条，并拖动左右两侧的白色滑块，自由调节调色效果的持续时长。

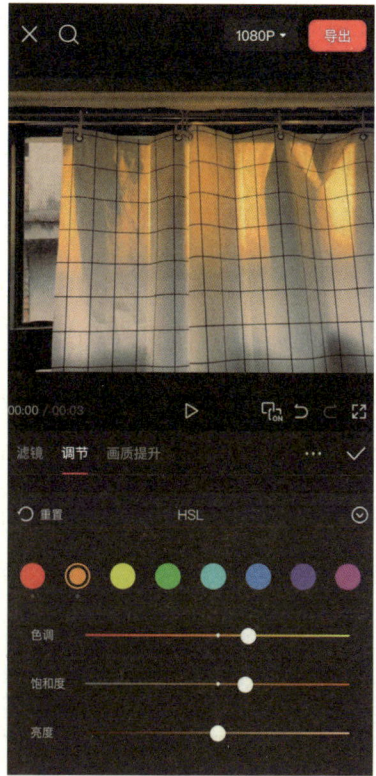

图3-21

图3-22

3.4.4 黑白色调：最简单的颜色更突出画面

色彩丰富的画面有时会分散观众的注意力，而黑白色调则能简化视觉信息，使画面更加集中，从而突出视频的主题和叙事重点。这种简化手法让观众更容易理解情节发展及人物关系，尤其在讲述复杂故事时更显其价值。

以下是使用剪映移动版将视频画面调为黑白色调的具体步骤。

（1）在剪映移动版中导入需要调色的视频素材后，在编辑界面下方的功能面板中找到并点击"调节"选项，即可打开调色界面。

（2）在调色界面中点击"饱和度"，并将下方的滑块向左滑到底，将饱和度调至最低，视频即变为黑白色调，如图3-23所示。

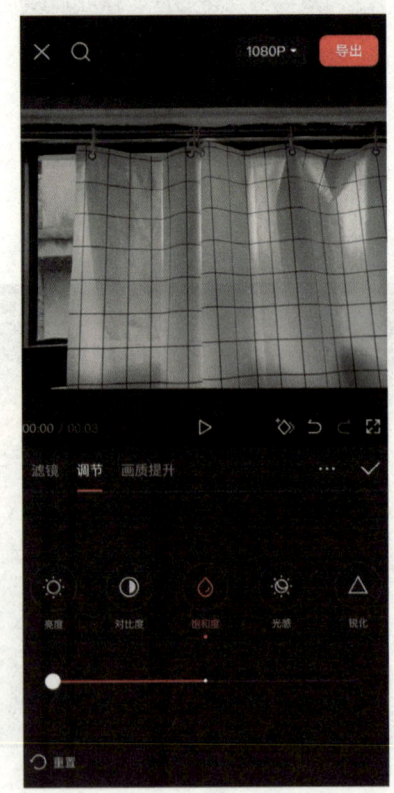

图3-23

（3）调整好饱和度之后，可以对画面的亮度、光感等参数进行调整，使整体画面看起来不会太过生硬，黑色和白色之间过渡自然。调整完的画面如图3-24所示。调整后点击对号图标即可返回视频编辑界面。

图3-24

（4）在视频编辑界面中，用户可以点击轨道中出现的调色条，并拖动左右两侧的白色滑块，自由调节调色效果的持续时长。

3.4.5 曲线调色功能的使用

在剪映移动版中，除了调节色温、亮度、对比度、饱和度等参数，还可以通过曲线调色功能对视频进行调色。曲线调色功能允许通过调整红、绿和蓝三种颜色的亮度或比例来改变视频画面的颜色显示效果。

以下是使用剪映移动版的曲线调色功能的具体步骤。

（1）在剪映移动版中导入需要调色的视频素材后，在编辑界面下方的功能面板中找到并点击"调节"选项,即可打开调色界面。

（2）在调色界面中找到并点击"曲线",在弹出的页面中可以看到有四种颜色选项,默认是白色,另外三种是红、绿、蓝,如图3-25所示。选择想要调节的颜色,通过拖动下方的曲线,可以改变曲线的弯曲程度,从而实现对画面颜色的精细调节。

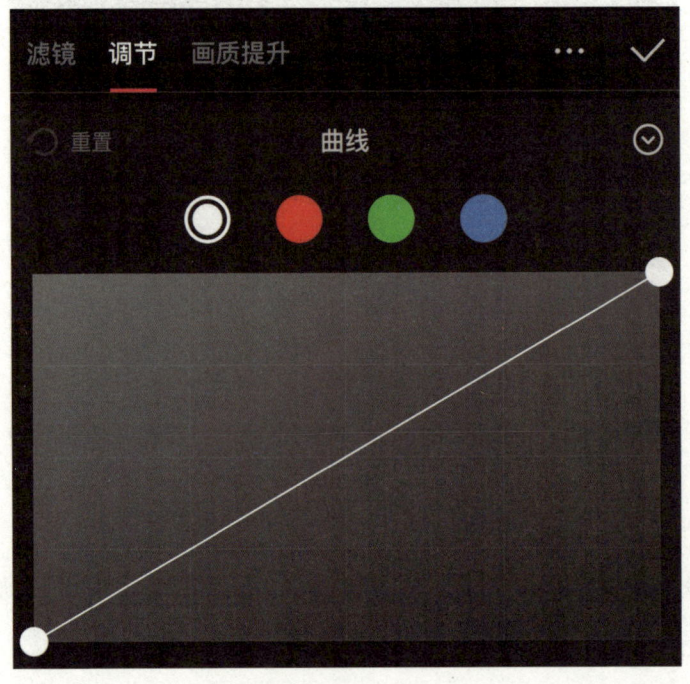

图3-25

这个功能可以帮助用户实现更加精细的色彩调节,让用户的视频作品色彩更加丰富、更加生动。

音频在视频剪辑中扮演着至关重要的角色，它不仅能够提升视频的艺术效果，还能加深观众对视频内容的理解和记忆。因此，用户在制作视频过程中选择音频时，需要充分考虑音频与视频内容的匹配度，以确保音频能够充分发挥其在视频中的作用。

4.1 音频的作用

音频在视频中起到的作用主要有以下几点。

1. 增强情感表达

音频可以通过旋律、节奏、音调等元素表达情感和营造氛围。适合的音频可以帮助观众更好地理解视频内容，并激发共鸣，使观看体验更加丰富。例如，在浪漫的爱情视频中，选择柔和的音乐可以增强浪漫氛围；而在刺激的极限运动视频中，选择节奏感强烈的音乐可以增强紧张感。

2. 吸引观众注意力

当观众浏览视频时，他们可能会先听到背景音乐，而后才看到视频的画面。因此，如果音频具有吸引人的特点，如独特的旋律、鲜明的节奏等，就能够更好地吸引观众的注意力，让他们对视频产生更大的兴趣。

3. 营造视频氛围和情境

恰当的背景音效可以增强视频的氛围，让观众产生身临其境的感觉。例如，在旅游视频中加入当地的特色音乐，可以让观众更好地感受到目的地的风土人情；在搞笑视频中加入有趣的音效，可以增加笑点和记忆点。

4．把控视频节奏

音频的节奏可以与画面的变化相匹配，使视频更加流畅和有趣。音频的起伏、变化可以影响视频整体的节奏感，使内容更加自然协调，让观众的观看体验更加舒适。例如，在动感的背景音乐衬托下，画面的切换会显得更加精准、更有节奏，给观众带来更好的视听享受。

因此，创作者在剪辑视频时通常会给视频添加各种音频，如背景音乐、特殊音效等。剪映移动版的音频功能丰富多样，可以让用户轻松完成对音频的剪辑等操作。此外，剪映移动版的音乐库中的音乐种类全面且丰富，并且已经通过与版权方合作获得了授权，为用户提供了极大的便利。

下面为大家详细讲解剪映移动版的音频功能的具体使用方法。

4.2 添加音频的操作方法

4.2.1 音乐的添加

使用剪映移动版添加音乐，可以通过以下几种方法。

1．从音乐库中添加音乐

使用剪映移动版从音乐库中添加音乐的具体操作步骤如下。

（1）在剪映移动版中导入需要添加音乐的视频素材后，在编辑界面下方的功能面板中找到并点击"音频"选项，如图4-1所示。

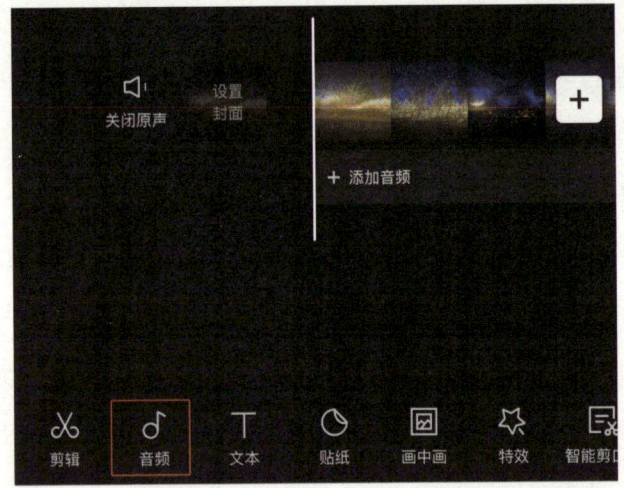

图 4-1

（2）在功能面板中出现的新选项栏里选择"音乐"，系统转至音乐选择界面，用户可以看到多种音乐分类，如"纯音乐""会员热榜""抖音"等，如图4-2所示。用户可以在这里通过浏览推荐、搜索关键词或查看热门榜单来找到喜欢的音乐。

（3）点击任意音乐，即可下载并试听。下载后右侧的下载图标会变成"使用"按钮。如果觉得合适，即可点击"使用"按钮，将其添加到视频中，如图4-3所示。

图 4-2

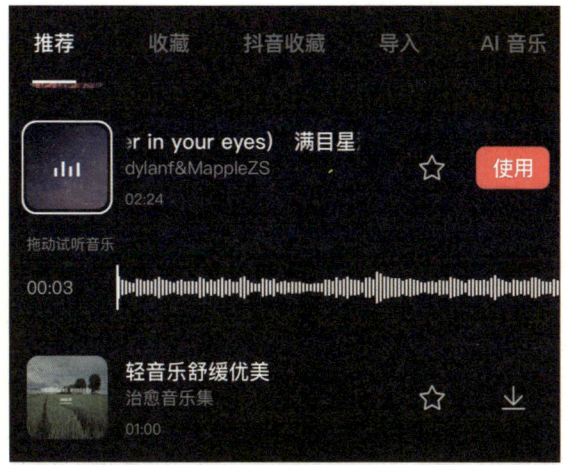

图4-3

（4）此时，系统返回编辑界面。点击轨道中出现的音频条，拖动其左右两侧的白色滑块，即可调整背景音乐的起始位置和时长，使其与视频内容匹配，如图4-4所示。

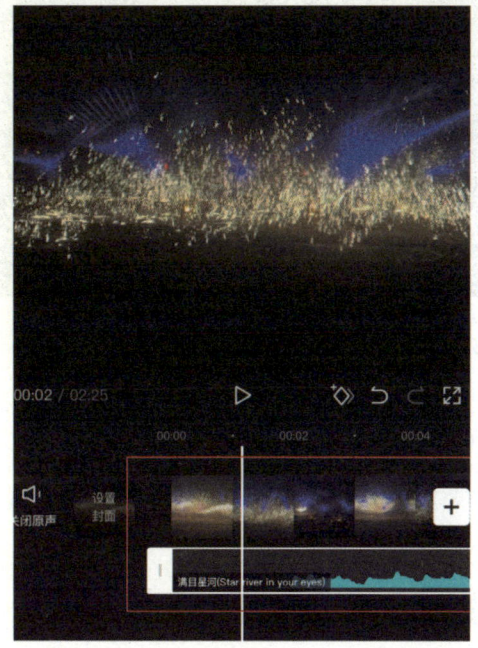

图4-4

2. 从本地添加音乐

使用剪映移动版从本地音乐中添加音乐的具体操作步骤如下。

（1）在剪映移动版中导入需要添加音乐的视频素材后，在编辑界面下方的功能面板中找到并点击"音频"→"音乐"，系统即转至音乐选择界面。

（2）点击"导入"→"来自文件"→"从文件中导入"，系统将会自动扫描用户的手机中存储的音乐文件，如图4-5所示。

图4-5

（3）扫描完成后，用户可以在列表中选择想要添加到视频中的本地音乐文件。点击选中的音乐文件，系统将会自动将其导入并显示在轨道中。

3. 通过链接添加音乐

除了上述两种方法，用户还可以通过链接下载抖音平台中的音乐。用户需要先从抖音平台获得音乐链接，再点击剪映移动版的音乐选择界面中的"导入"→"链接下载"，将音乐链接粘贴到弹出的对话框中，即可下载并添加音乐。

4.2.2 音效的添加

音效是指由声音制造的特殊效果。给短视频添加音效能够起到增强情感表达、提升观看体验、吸引观众注意力和营造氛围的作用，从而提高视频的曝光度和传播效果。音效还可以填补视频中的空白，提升整体的观赏性。

剪映移动版内置了丰富的音效素材库，用户可以直接在其中选择音效并应用到视频中，以提升视频的整体效果和观众的观看体验。

使用剪映移动版添加音效，可以按照以下步骤。

（1）在剪映移动版中导入需要添加音效的视频素材后，在编辑界面使白色竖线对准视频中想要添加音效的位置。然后，在下方的功能面板中点击"音频"，在出现的新选项栏中选择"音效"，如图4-6所示。

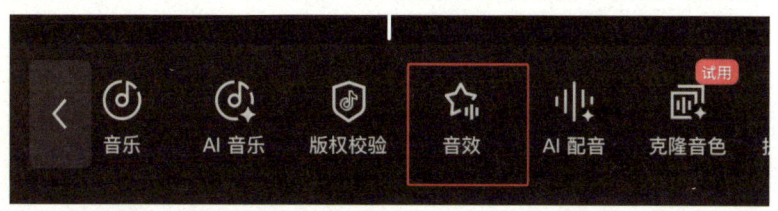

图4-6

（2）系统转至音效选择界面，用户可以看到各种不同的音效分类，如"笑声""综艺""机械"等。浏览这些音效，点击即可下载并试听，如图4-7所示。

图4-7

（3）下载后右侧的下载图标会变为"使用"按钮，找到与视频内容相匹配的音效，点击"使用"按钮即可将其添加到视频中。

4.3 处理音频的常用技巧

在视频录制过程中难免会引入环境噪声或设备噪声，通过处理音频文件，可以去除这些杂音，提高音频的清晰度和纯净度，使听众能够更清楚地听到音频信息。

剪映移动版提供了丰富的音频处理功能，包括音量调整、速度调节、音频裁剪、淡入淡出等，能满足多种音频处理需求。同时，其操作界面简洁直观，易于上手，即使是新手也能快速掌握这些功能的使用方法。

4.3.1 调节音频的音量

使用剪映移动版调节音频的音量，可以按照以下步骤进行操作。

（1）在剪映移动版中导入需要调节音频音量的视频素材后，在编辑界面的轨道中点击音频条，并在下方的功能面板中点击"音量"选项，如图4-8所示。

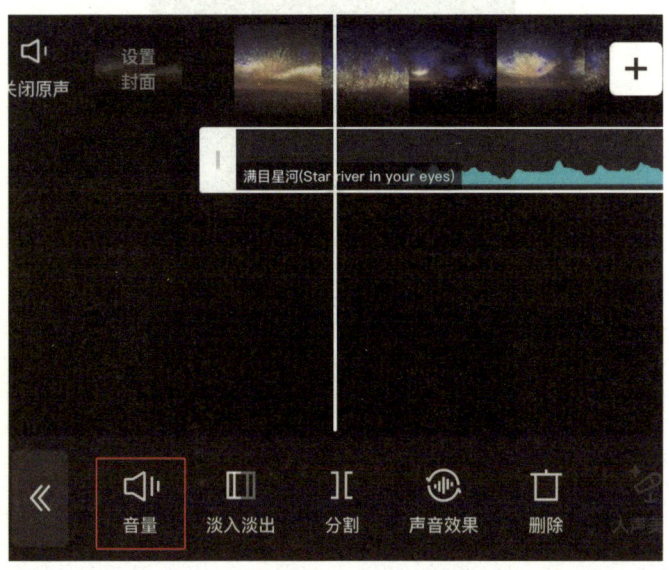

图4-8

（2）在下方弹出的音量调节界面中，滑动滑块即可调节音量大小，左滑减小音量，右滑增大音量，如图4-9所示。调整完音量后，系统会自动播放音频，方便用户确认调整效果。

图4-9

需要注意的是,在调节音量时,应避免将音量调至过高或过低的极端值,以防止音频失真或听感不佳。如果音频已经出现失真情况,可以适当降低音量调整的幅度或对音频进行重新调节。

4.3.2 对音频进行裁剪

使用剪映移动版裁剪音频,可以按照以下步骤进行操作。

(1)在剪映移动版中导入需要裁剪音频的视频素材后,在编辑界面的轨道中点击音频条,可以看到下方的功能面板中有"分割"选项,如图4-10所示。

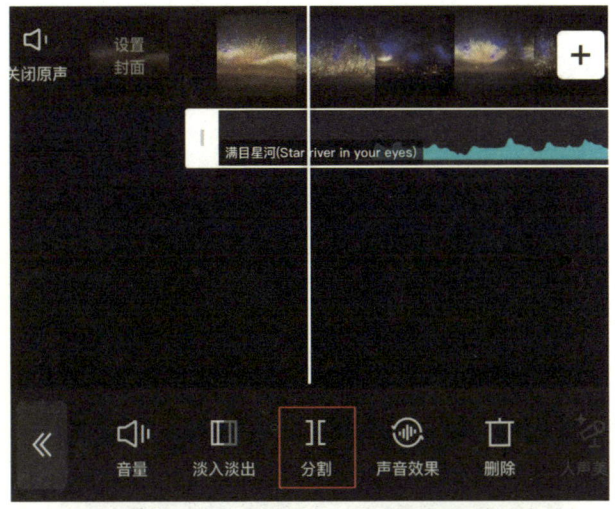

图4-10

（2）移动轨道中的音频条，或点击三角形播放按钮，边听边寻找合适的裁剪位置。准确定位后再点击"分割"，即可将音频拆分开，然后删除不需要的片段，即完成对音频的裁剪，如图4-11所示。

4.3.3 添加淡入淡出效果

为了让音频与视频的衔接更自然，可给音频添加淡入淡出效果。

使用剪映移动版给音频添加淡入淡出效果，可以按照以下步骤操作。

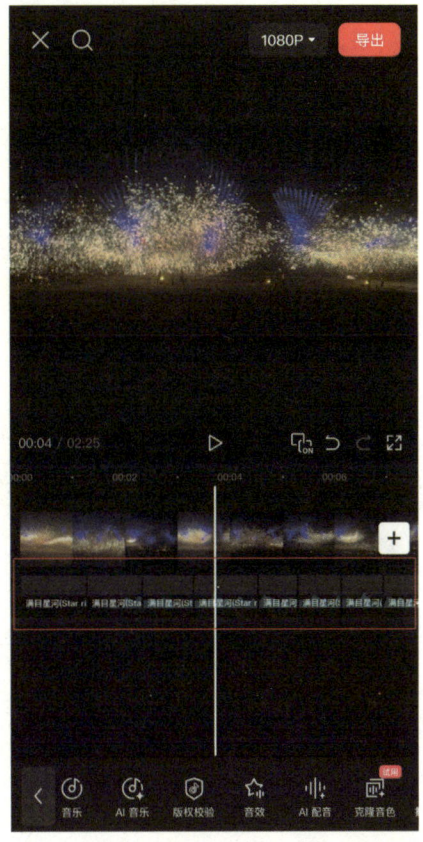

图4-11

（1）在剪映移动版中导入需要给音频添加淡入淡出效果的视频素材后，在编辑界面的轨道中点击音频条，并在下方的功能面板中选择"淡入淡出"，如图4-12所示。

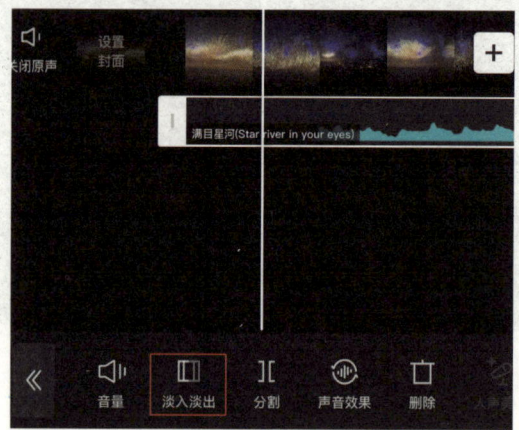

图4-12

（2）下方弹出淡入淡出效果的设置面板。在这里，用户可以调整淡入和淡出的时长，以达到想要的效果，如图4-13所示。

（3）设置好淡入淡出的时长后，播放视频预览效果，确保配乐的效果符合预期，即可导出并保存视频。

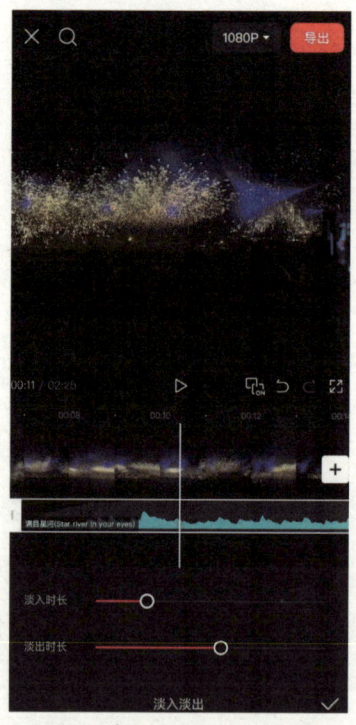

图4-13

文字在影视作品和短视频中扮演着重要角色，其作用不仅限于语言翻译，还包括提升观众的理解和观赏体验。文字能够将语音内容以文字形式显示出来，也能够对视频内容进行补充说明，帮助观众更好地理解视频内容。对于听力较弱的观众，或者在不方便开启声音的环境中观看视频的观众，文字是他们理解视频内容的关键。

剪映移动版的文字功能十分全面，为用户提供多种文字样式，包括静态、滚动、动画等，用户可根据视频风格进行选择。剪映移动版的文字样式支持自定义编辑，使用户能够轻松为视频添加文字，提升视频的专业度和观看体验。剪映移动版还支持自动识别字幕，可自动将视频中的语音转换为字幕，提高制作效率。

下面为大家详细讲解剪映移动版的文字功能的具体使用方法。

5.1 添加与调整文字

5.1.1 在视频中添加文字

为视频添加文字往往是视频制作过程中不可缺少的一个环节。使用剪映移动版给视频素材添加文字的具体步骤如下。

（1）在剪映移动版中导入需要添加文字的视频素材后，在编辑界面下方的功能面板中找到并点击"文本"选项,如图5-1所示。

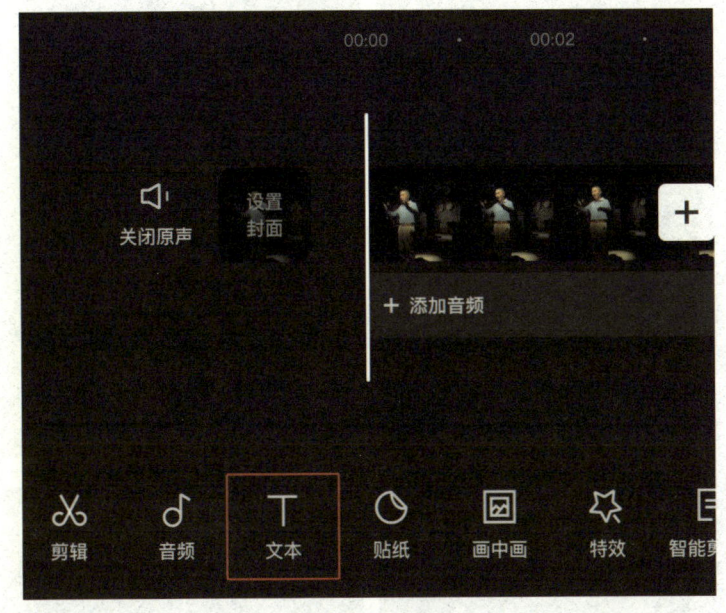

图5-1

(2)在功能面板中出现的新选项栏里选择"新建文本",如图5-2所示。

(3)此时会出现新的输入框,在输入框中输入文字内容,上方画面中便会出现文本框。需注意内容应简洁明了,避免过长。输入完成后,点击输入框旁边的对号图标,即可返回编辑界面。

(4)在编辑界面的轨道中,拖动新出现的文字条左右两侧的白色滑块,即可调整文字的显示时间,如图5-3所示。

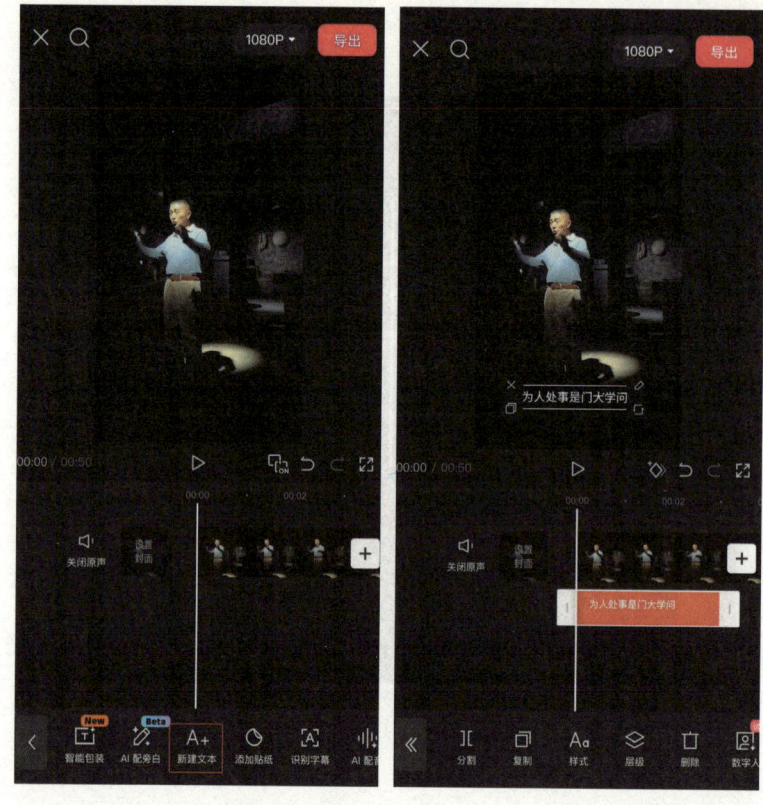

图5-2　　　　　　　　图5-3

5.1.2 修改文字字体

用户添加完文字之后，往往还需要修改文字的字体。使用剪映移动版修改文字字体的具体步骤如下。

（1）在剪映移动版中导入需要修改文字字体的视频素材后，在编辑界面下方的功能面板中点击"文本"，选择轨道中出现的文字条，再点击下方功能面板中的"编辑"，会弹出文字输入框和工具栏。

（2）在工具栏中点击"字体"，即可看到多种字体选项，用户在这里可以选择自己喜欢的字体，如图5-4所示。点击字体名称，即可看到上方画面中的文字立刻被替换为了新的字体。

图5-4

5.1.3 调整文字样式

调整文字样式可以使视频中的文字更加美观突出。使用剪映移动版调整文字样式的具体步骤如下。

（1）在剪映移动版中导入需要修改文字样式的视频素材后，在编辑界面下方的功能面板中点击"文本"，选择轨道中出现的文字条，再点击下方功能面板中的"编辑"，会弹出文字输入框和工具栏。

（2）在工具栏中点击"样式"，即可在其下出现的列表中调整文字的颜色、字号、透明度等，如图5-5所示。

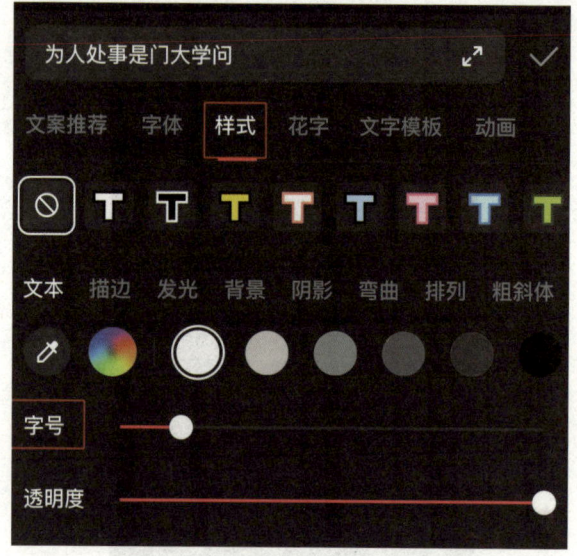

图5-5

5.1.4 调整文字位置

用户在调整完文字后，往往还需要调整文字在视频中的位置，以方便观众观看。使用剪映移动版调整视频文字字体位置的具体步骤如下。

（1）在剪映移动版中导入需要修改文字位置的视频素材后，在编辑界面下方的功能面板中点击"文本"，选择轨道中出现的文字条，再点击下方功能面板中的"基础属性"，如图5-6所示。

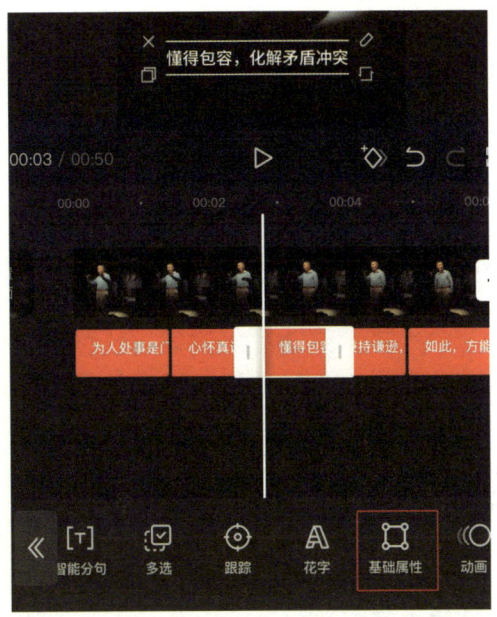

图5-6

（2）在弹出的操作栏中点击"位置"，可以通过滑动修改X轴和Y轴的参数，实现文字在水平方向和垂直方向上的移动，如图5-7所示。点击"缩放"和"旋转"，即可通过修改相应参数对文字进行缩放和旋转。

（3）此外，也可以按住画面上的文本框，快速地将其移至画面上的任意位置，确保文字不遮挡重要画面。

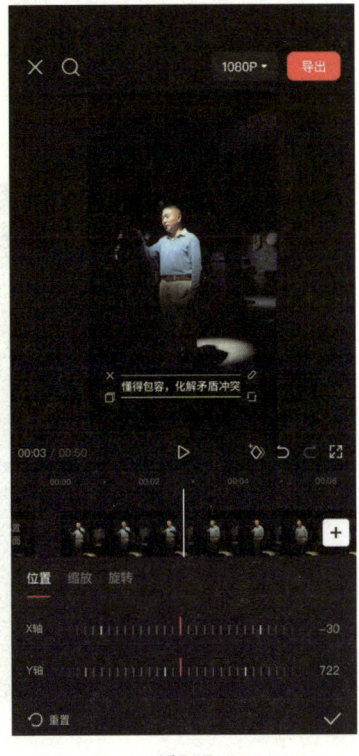

图5-7

5.2 给文字添加特效

文字作为视频画面的一部分，其设计、排版和特效等都能对视频的整体美感产生影响。通过给文字添加合理的特效，可以使视频内容更加生动、有趣，同时优化画面构图，提升视频的视觉吸引力。

剪映移动版的文字特效功能，为视频创作者提供了丰富的文字动态表现方式，如花体效果、入场效果、出场效果、描边效果等。这些功能广泛应用于各种视频创作场景，如短视频、广告、宣传片等。通过给文字添加特效，可以吸引观众的注意力，提高视频的观看率和传播效果。

下面为大家具体讲解剪映移动版中各种文字特效的使用方法。

5.2.1 添加文字花体效果

使用剪映移动版添加文字花体效果，可以按照以下步骤进行操作。

（1）在剪映移动版中导入需要添加文字特效的视频素材后，在编辑界面下方的功能面板中点击"文本"，选择轨道中出现的文字条，再点击下方功能面板中的"花字"，如图5-8所示。

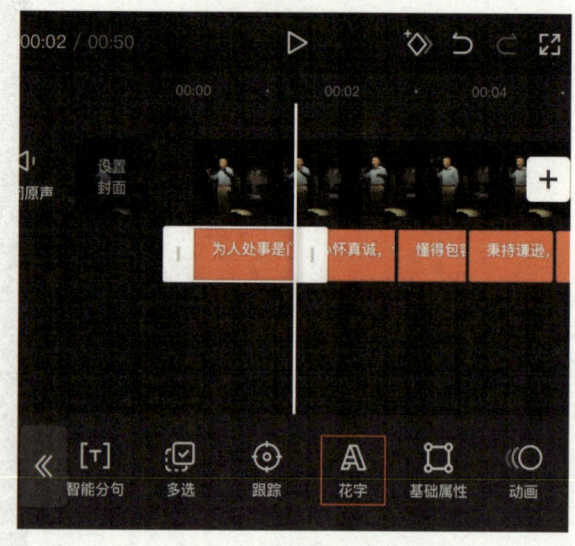

图5-8

（2）在弹出的花体效果列表中，浏览并选择喜欢的花体效果，点击即可应用于文字，如图5-9所示。根据需要，可以进一步调整文字的颜色、大小、位置等参数。

图5-9

5.2.2 添加文字描边效果

使用剪映移动版添加文字描边效果，可以按照以下步骤。

（1）在剪映移动版中导入需要添加文字特效的视频素材后，在编辑界面下方的功能面板中点击"文本"，选择轨道中出现的文字条，再点击下方功能面板中的"编辑"，会弹出文字输入框和工具栏。在工具栏中点击"样式"，并在下拉列表中点击"描边"，如图

5-10所示。

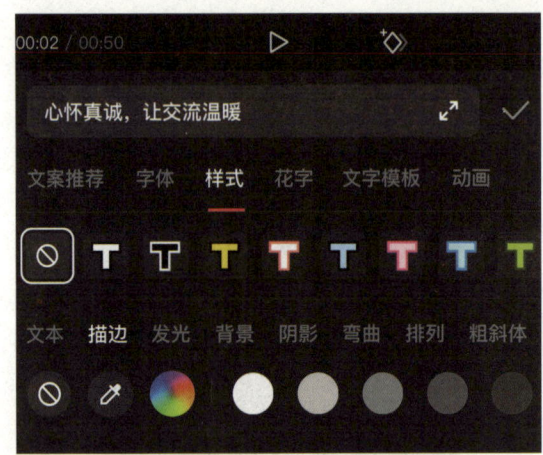

图5-10

（2）这里不仅可以选择描边的颜色，还可以根据需要调整描边的粗细，点击即可应用于文字，如图5-11所示。

5.2.3 添加文字动画效果

文字动画效果对于提升视频内容的传达效果和观众体验有重要影响。文字动画效果可以使文字与视频节奏、音乐变化同步，增强视频感染力，更能吸引观众注意力。

1. 添加文字入场动画效果

文字入场动画是指文字从屏幕外进入屏幕时的效果。给文字添加入场

图5-11

动画效果能让文字在出现时不那么突兀,使画面更具动态感和趣味性,增强视觉吸引力。同时,文字的入场动画效果能够为视频增加更多的变化和层次,避免纯静态文字带来的单调感,让作品在视觉上更丰富饱满。

使用剪映移动版添加文字入场动画效果,可以按照以下步骤进行操作。

(1)在剪映移动版中导入需要添加文字特效的视频素材后,在编辑界面下方的功能面板中点击"文本",选择轨道中出现的文字条,再点击功能面板中的"动画"。在弹出的动画效果列表中点击"入场",列表中即显示各种文字入场动画效果,如图5-12所示。

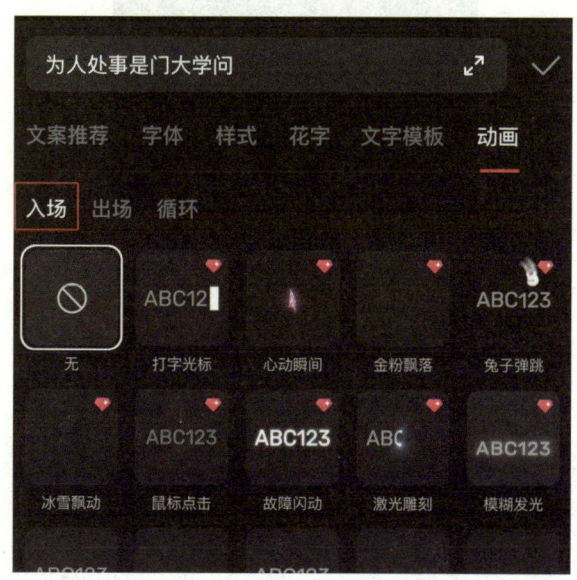

图5-12

(2)选择并点击喜欢的入场动画效果,即可将其应用于文字,如图5-13所示。拖动下方滑动条,即可调整该效果的持续时长。

图5-13

2. 添加文字出场动画效果

文字出场动画是指文字从屏幕内离开屏幕时的效果。给文字添加出场动画效果,可以提示观众文字即将消失,帮助观众自然地将注意力转移到文字内容上,便于其理解信息,提升视频的整体协调性。

使用剪映移动版添加文字出场动画效果,可以按照以下步骤。

(1)在剪映移动版中导入需要添加文字特效的视频素材后,在编辑界面下方的功能面板中点击"文本",选择轨道中出现的文字条,再点击下方功能面板中的"动画"。在弹出的动画效果列表中,点击"出场",列表中即显示各种文字出场动画效果,如图5-14

所示。

（2）选择并点击喜欢的出场动画效果，即可将其应用于文字。拖动下方滑动条，即可调整该效果的持续时长。

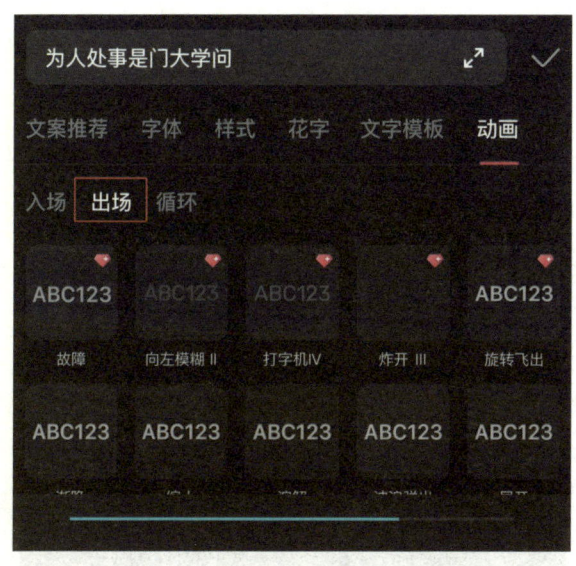

图5-14

3. 添加文字循环动画效果

文字循环动画效果是指文字在屏幕内循环滚动的效果。循环动画效果可使文字持续展示，保持与视频节奏同步，避免信息过早消失。对于关键信息或需要观众重点关注的内容，循环播放能加深观众印象，确保信息被充分接收和理解。

特定的循环动画效果还能营造出独特的氛围，如闪烁循环可表现紧张、神秘的气氛，连续滚动循环可增强动感和活力。在视频画面内容相对单一或有空白时段时，循环文字可起到填充作用，增加画面的丰富度，避免观众产生视觉疲劳。

使用剪映移动版添加文字出场动画效果，可以按照以下步骤。

（1）在剪映移动版中导入需要添加文字特效的视频素材后，在编辑界面下方的功能面板中点击"文本"，选择轨道中出现的文字条，再点击下方功能面板中的"动画"。在弹出的动画效果列表中，点击"循环"，列表中即显示各种文字循环动画效果，如图5-15所示。

（2）选择并点击喜欢的循环动画效果，即可将其应用于文字。拖动下方滑动条，即可调整该效果的循环速度。

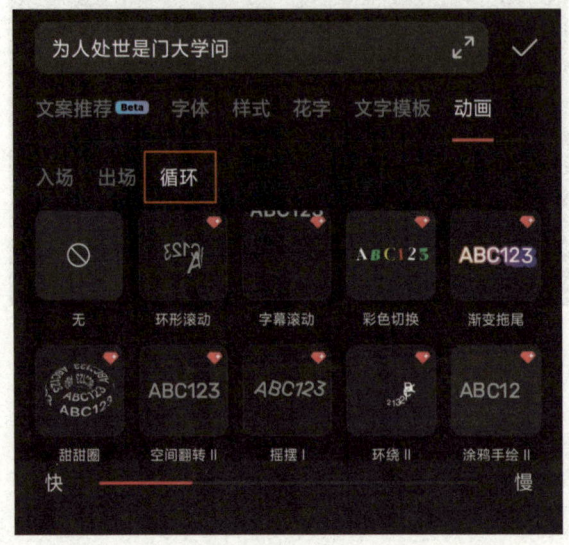

图5-15

5.3 自动识别字幕

剪映移动版的自动识别字幕功能可以大大提高视频编辑的效率和质量，让创作者能够更专注于内容创作本身。

使用剪映移动版自动识别字幕的具体步骤如下。

（1）在剪映移动版中导入需要添加文字的视频素材后，在编辑界面下方的功能面板中找到并点击"文本"选项。

（2）在弹出的界面中点击"识别字幕"选项，如图5-16所示。此时，剪映移动版会自动识别视频中的语音内容，并将其转换为文字。

图5-16

（3）等待系统完成自动识别字幕后，用户可以根据需要对识别出的文字进行调整和优化，如修改文字样式、字体大小、颜色等。此外，还可以手动修改文字内容，以确保其准确无误。

前面讲解了剪映移动版的诸多实用功能，接下来，我们将继续讲解在电脑端使用的剪映专业版。

作为抖音官方出品的专业剪辑软件，剪映专业版功能强大、操作简便，让每一位创作者都能轻松剪辑出精彩的视频。剪映专业版的强大在于它的多样化功能，从视频的分割、拼接，到色彩调整和变速处理，每一个细节都能精准掌控。无论是想要制作节奏紧凑的短视频，还是细腻精致的长视频，剪映专业版都能满足创作者的需求。

6.1 认识操作界面

在使用剪映专业版进行剪辑创作之前，先来认识一下剪映专业版的操作界面，包括初始界面和编辑界面。

6.1.1 初始界面

点击电脑桌面上的"剪映专业版"图标，打开软件，初始界面如图6-1所示。

"+开始创作"区域用于创建一个新的视频剪辑任务。"草稿"区域则保存了用户退出编辑时自动保存的项目，方便用户再次编辑。点击"+开始创作"导入素材，或者直接点击草稿文件，即可打开编辑界面。

"+开始创作"区域下方列有一些方便用户快速剪辑的功能，如"视频翻译""智能抠像""超清画质""AI文案成片"等，非常便捷实用。

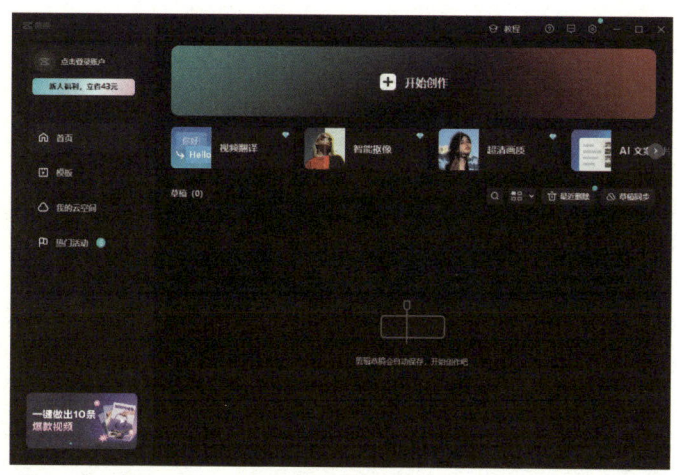

图6-1

点击初始界面左上角的"点击登录账户"，会出现账户登录弹窗，如图6-2所示。用户可以选择"通过抖音登录"或"通过Apple登录"两种方式进行登录。登录个人账户后，用户的剪辑数据会和抖音进行绑定，之后不论是登录剪映专业版还是登录剪映移动版，用户的剪辑数据都不会丢失，还可以将剪辑作品一键发布至抖音平台，十分方便。

点击初始界面左侧的"模板"，右侧即显示众多不同风格、

图6-2

不同类型、不同时长的视频模板,如图6-3所示。用户可以选择自己喜欢的视频模板,导入视频素材,只需在文字或滤镜上做简单的修改,便可获得一段精美的短视频。

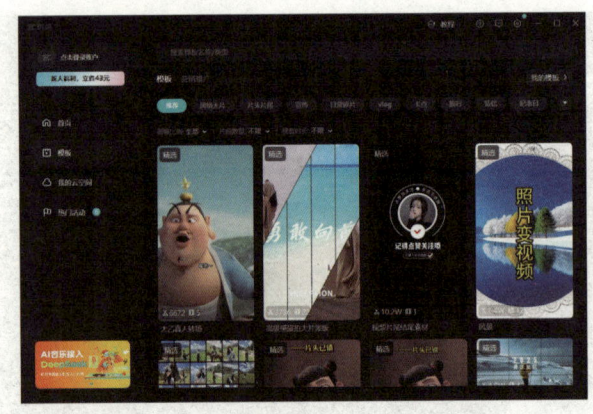

图6-3

点击初始界面左侧的"我的云空间",右侧显示内容如图6-4所示。用户在这里可以将自己的视频素材上传至云端,不占用设备的本地内存,也不会拖慢设备的运行速度。

图6-4

点击初始界面左侧的"热门活动",右侧即显示各种投稿活动,如图6-5所示。用户可以在此参与剪映或抖音推出的热门活动,按活动要求发布作品,获得相应的奖励。

图6-5

6.1.2 编辑界面

剪映专业版的编辑界面如图6-6所示,分为菜单栏、创作栏、播放器栏、草稿参数栏等几大部分。下面分别对这几部分进行详细介绍。

图6-6

1. 菜单栏

菜单栏位于编辑界面的左上方,如图6-7所示。用户可以在这里对导入的素材添加音频、文字、贴纸、特效、转场、滤镜等,还可以找到导入的视频素材。

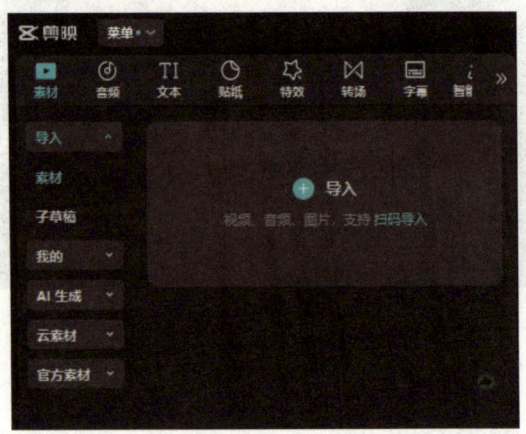

图6-7

2. 创作栏

创作栏位于编辑界面的下方,主要用于显示视频素材或音频素材的轨道,并对素材进行各种具体操作,包括切割、移动、变速等,如图6-8所示。

图6-8

3. 播放器栏

播放器栏位于编辑界面的上方居中位置,其最主要的作用是让创作者直观地看到调整后视频画面的具体变化,如图6-9所示。

图6-9

4. 草稿参数栏

草稿参数栏位于编辑界面的右上方,主要用于介绍草稿文件的基本信息,如图6-10所示。其中各项参数的含义介绍如下。

·草稿名称:用于标识该草稿文件的名称,方便用户区分不同的剪辑项目。用户可以根据视频内容、主题或其他便于自己识别的方式来命名草稿。

·保存位置:用于显示该草

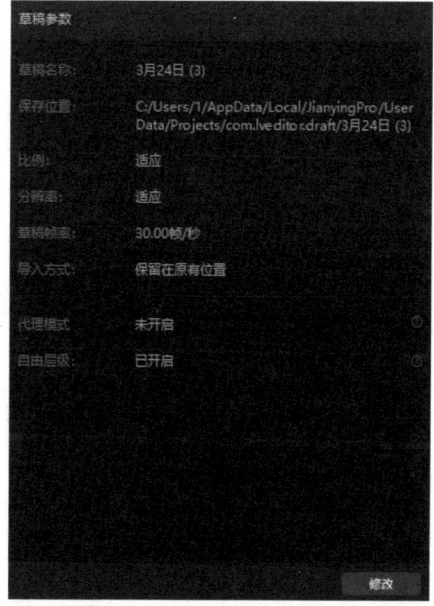

图6-10

稿文件在本地存储的路径。如果用户需要在电脑中查找该草稿文件，可根据此路径进行查找。

·比例：用于显示该草稿文件的画幅比例，点击右下角的"修改"可以看到有许多不同的选项，方便用户进行调整。

·分辨率：用于显示该草稿文件的分辨率，点击右下角的"修改"可以看到其有"适应"和"自定义"两个选项。选择"适应"，系统会根据素材的原始分辨率自动匹配；选择"自定义"，系统则允许用户手动输入想要的分辨率数值，如1920×1080（高清）、3840×2160（4K）等。一般来说，分辨率越高，画面越清晰，但文件体积也会越大。

·草稿帧率：用于显示该草稿文件的每秒图像帧数。常见的帧率选项有25帧/秒、30帧/秒、60帧/秒等。帧率越高，视频的流畅度越高，视觉效果越好，但也会导致文件体积增大。对于一般的短视频，30帧/秒是比较常用的选择；如果是一些对流畅度要求较高的视频，如运动类视频或游戏视频，可能会选择60帧/秒。

·导入方式：决定素材导入草稿的方式，点击右下角的"修改"可以看到其有"复制至草稿""保留在原有位置"两个选项。如果选择"复制至草稿"，素材会被复制一份到剪映的草稿文件夹中，这样即使原素材的位置被移动或删除，也不会影响草稿中的素材使用；如果选择"保留在原有位置"，则草稿中的素材仍然依赖于原文件的位置，如果原文件发生变化，可能会导致草稿中的素材丢失。

·代理模式：点击右下角的"修改"，可以选择是否开启代理模式。开启代理模式后，系统会生成一个低分辨率的代理文件用于剪辑预览，这样可以在性能较低的设备上提高剪辑的流畅度。当最终导出视频时，仍会使用原始的高分辨率素材导出，以保证视频的质量。

·自由层级：点击右下角的"修改"可以选择是否开启自由层级。开启该功能后，可以自由调整轨道之间的层级关系，方便用户对视频、音频、文字等不同轨道中的素材进行更灵活的编辑和排版。

6.2 新建项目与导入素材

在使用剪映专业版进行剪辑前，需要新建一个项目并导入素材。具体操作步骤如下。

（1）打开剪映专业版，点击"+开始创作"或使用快捷键"Ctrl+N"，即可进入编辑界面。这样就完成了新建项目，用户可以点击播放器栏上方的项目名称，给新项目重新命名，以便后续管理。

（2）点击编辑界面菜单栏中的"素材"→"+导入"，如图6-11所示。在弹出的窗口中找到想要导入的素材，选中素材后点击"打开"，素材就会被导入系统，如图6-12所示。

用户也可以先找到素材存储的文件夹，选中想要导入的素材（可以同时选中多个），然后按住鼠标左键拖拽素材到图6-11中所示的素材导入区，松开鼠标左键，素材就会被导入系统。剪映专业版也支持扫码导入素材，在此不再赘述。

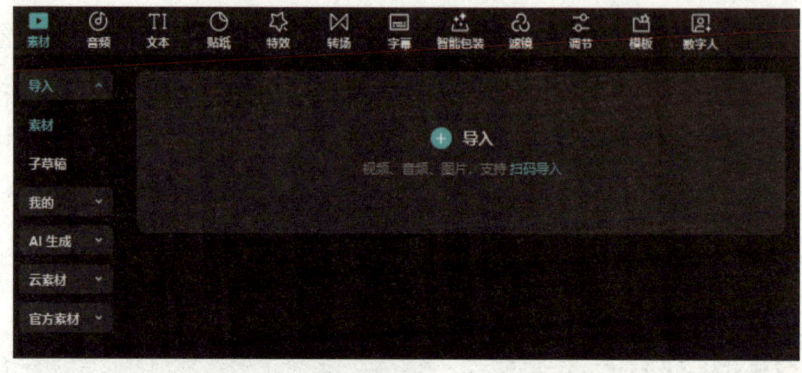

图6-11

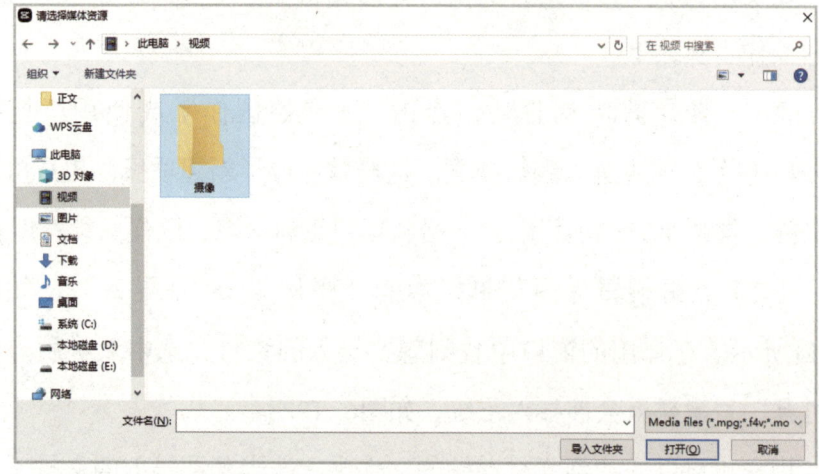

图6-12

　　用户还可以利用剪映自带的素材库导入素材。在菜单栏中点击"官方素材",即可打开素材库,如图6-13所示。用户可以在这里搜索或浏览素材,点击素材即可进行预览,然后将满足自己需求的素材拖拽到创作栏的轨道中进行剪辑操作。

图6-13

6.3 新建草稿

在使用剪映专业版进行剪辑前,也可以先新建草稿,设置好相应参数后再导入素材。具体操作步骤如下。

(1)打开剪映专业版,点击"+开始创作"进入编辑界面,点击菜单栏的"菜单"→"文件"→"新建草稿",如图6-14所示。

(2)点击草稿参数栏右下角的"修改",系统弹出"草稿设置"页面,如图6-15所示。首先,输入新建草稿的名称。其次,根据需要设置新建草稿的各项参数,如画幅比例、分辨率、草稿帧率、色彩空间等。最后,点击"保存"并退出编辑界面,新建的草稿会出现在"草稿"区域,用户可以对其进行重命名以方便区分。

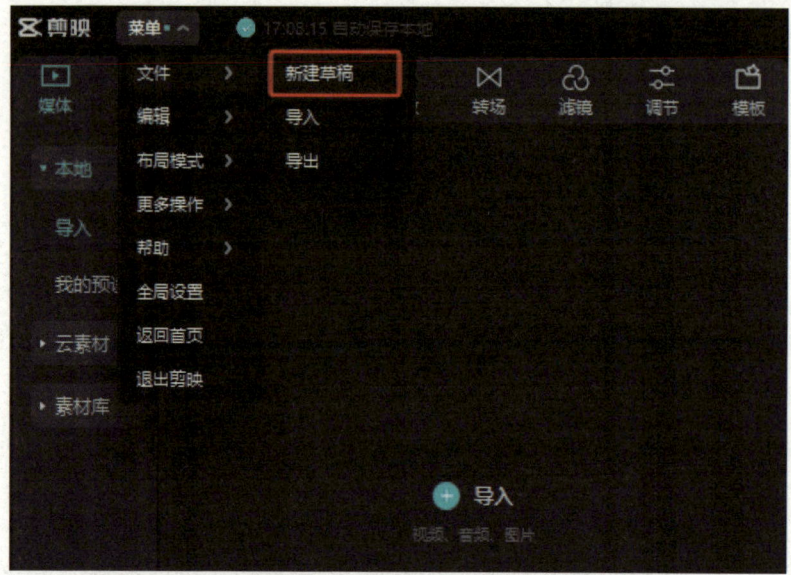

图6-14

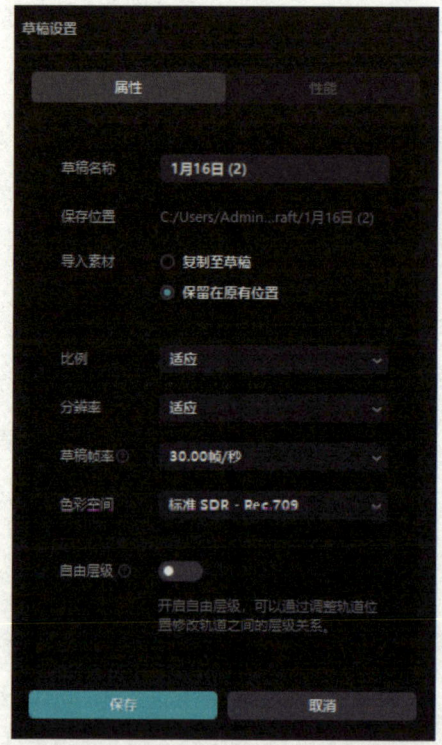

图6-15

6.4 打开多个草稿

用户可以在剪映专业版的编辑界面中打开多个草稿，这在剪辑长视频时非常实用。具体操作步骤如下。

（1）打开剪映专业版，点击"+开始创作"进入编辑界面，点击菜单栏的"素材"→"导入"→"子草稿"→"+导入"，如图6-16所示。

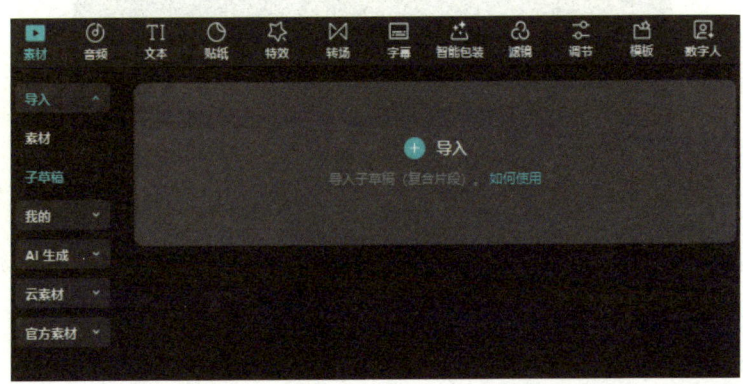

图6-16

（2）系统弹出页面中会显示之前保存的所有草稿，如图6-17所示。选择想要同时打开的草稿，点击"导入"，这些草稿便会同时出现在菜单栏的素材导入区。

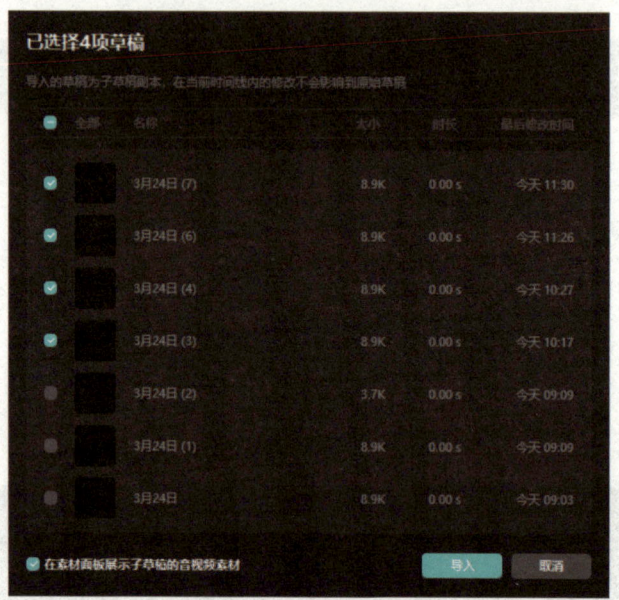

图6-17

（3）之后，用户只需点击素材导入区的草稿名称，即可切换到不同的草稿进行剪辑。

6.5 素材的筛选和整理

素材的筛选和整理是视频剪辑过程中非常重要的步骤，可以大大提高剪辑的效率和最终作品的质量。以下是使用剪映专业版有效地筛选和整理视频素材的具体操作步骤。

（1）在剪映专业版中打开并快速浏览所有素材，对内容进行初步了解。检查视频素材的清晰度、色彩、稳定性等，进行质量评估，确保画面质量符合项目要求，并根据视频主题和故事情节，筛选出与项目相关的视频素材保留使用，删除重复、模糊、无用或质量较差的素材。

（2）在素材导入区单击右键，在弹窗中可以选择"新建文件夹""排序"和"筛选"，如图6-18所示。用户可以根据素材的导入时间、创建时间、名称、文件类型、时长等，对素材进行排序，再将其分类存放在不同的文件夹中，并为素材文件设置清晰、简洁的名称，以便后续查找和使用。

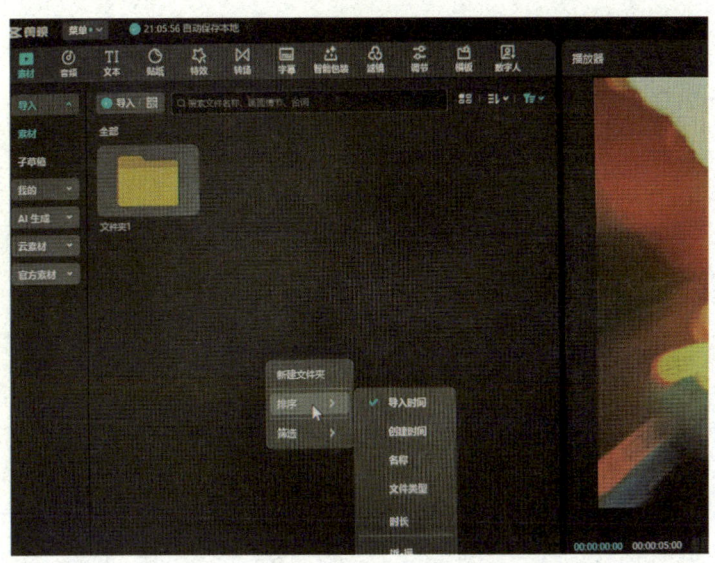

图6-18

需要注意的是，切记对筛选和整理好的素材进行及时备份，防止数据丢失或损坏。

剪映专业版的剪辑功能十分强大。由于剪映专业版需要在电脑上使用，因此可以实现精度更高的操作，方便用户创作出质量更高的视频作品。

本章将带领大家详细了解剪映专业版的基础剪辑功能的使用方法。

7.1 进行视频素材的粗剪

视频素材的粗剪是视频剪辑过程中的重要步骤，它涉及对素材的初步整理和裁剪，以确定视频的基本结构和节奏。以下是进行视频素材粗剪的一些基本方法和技巧。

（1）在开始剪辑之前，需要整理所有的素材。按照场景、主题或时间顺序对素材进行分类和排序，以便在剪辑过程中能够快速找到所需的片段。

（2）打开剪映专业版，新建项目并导入需要粗剪的视频素材，然后把视频素材拖拽到创作栏的轨道中。

（3）通过拖拽轨道中的白色竖线（时间指示线）确定合适的位置，再点击创作栏左上角的下拉按钮，选择"分割"（或使用快捷键"Ctrl+B"），如图7-1所示。

图7-1

（4）此时，光标变成了刀片形状，将光标放在视频轨道中白色竖线处并点击鼠标左键，即可将素材拆分成两部分。用这种方法对视频素材自由分割，再在不需要的部分点击鼠标右键并选择"删除"，即可完成对素材的粗剪。

（5）完成粗剪后，可以点击播放器栏的三角形播放按钮，预览整个视频，检查故事线的流畅性和逻辑结构。如果发现有问题，则继续进行调整。

需要注意的是，在粗剪过程中，重点是关注视频的整体逻辑和镜头之间的衔接，确保视频的故事线清晰，镜头之间的过渡自然即可，不必过于纠结每个剪辑点的精确度。

7.2 调整视频素材的时长

使用剪映专业版调整视频素材的时长是一个相对简单的过程，适用于多种场景，如适应平台要求、优化内容紧凑度等。以下是详细的步骤。

（1）打开剪映专业版，新建项目并导入需要调整时长的视频素材，然后把视频素材拖拽到创作栏的轨道中。

（2）如果用户只想调整部分视频片段的时长，可以将视频分割成多个片段，再选择想要调整的片段。其两侧会出现白色的边框，拖动边框就可以快速地缩短或延长视频的时长，如图7-2所示。

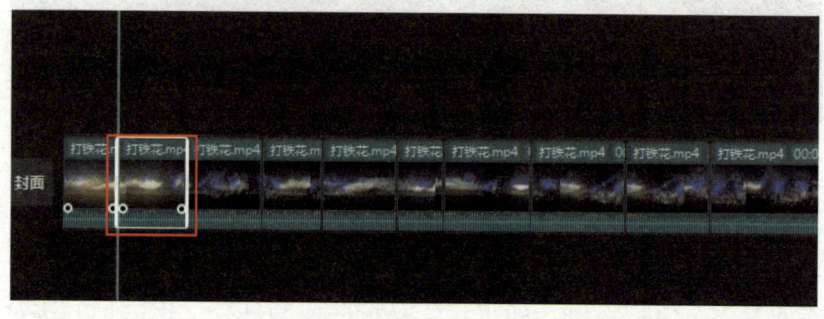

图7-2

7.3 调整视频素材的位置

在剪映专业版中调整视频素材的位置，可以按照以下步骤进行操作。

（1）打开剪映专业版，新建项目并导入需要调整位置的视频素材，然后把视频素材拖到创作栏的轨道中。

（2）将视频素材分割成多个片段，再选择需要调整位置的视频片段，直接将其拖动到轨道中合适的新位置即可，如图7-3所示。

图7-3

（3）如果想移动视频画面在屏幕中的位置，可以在轨道中选中想要调整位置的视频片段，再在草稿参数栏中修改"位置"参数，如图7-4所示。在"位置"参数中，X代表水平方向，Y代表垂直方向。通过调整X或Y的数值，即可实现视频画面在屏幕中位置的水平或垂直移动。

需要注意的是，在移动某个视频片段时，不要将其与其他视频片段重叠，否则可能会导致视频内容混乱。如果发现无

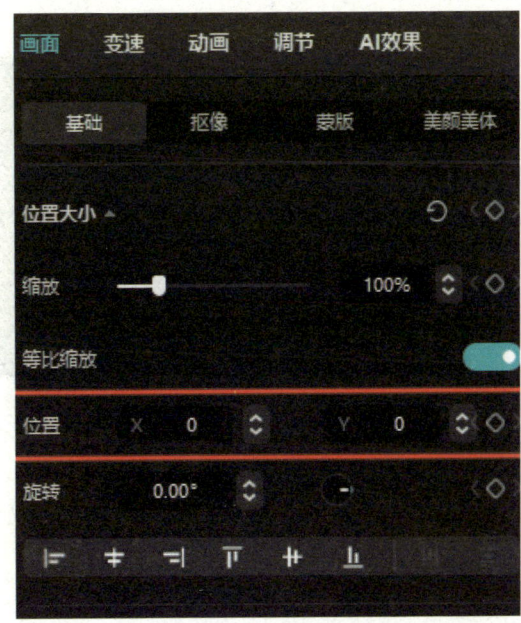

图7-4

法拖动视频片段，可能是因为视频片段被锁定，此时需要先解锁视频片段。

7.4 视频素材的倒放处理

使用剪映专业版对视频素材进行倒放处理的操作步骤如下。

（1）打开剪映专业版，新建项目并导入需要倒放处理的视频素材，然后把视频素材拖拽到创作栏的轨道中。

（2）如果用户只想倒放视频的一部分，可以将视频分割成多个片段，再选择需要倒放的片段。

（3）在编辑栏中点击倒放按钮，如图7-5所示。此时，选中的视频片段就会以倒放的形式呈现出来。或者，在选中的视频片段上点击鼠标右键，在弹出的菜单中选择"基础编辑"→"倒放"，也可以实现倒放效果。

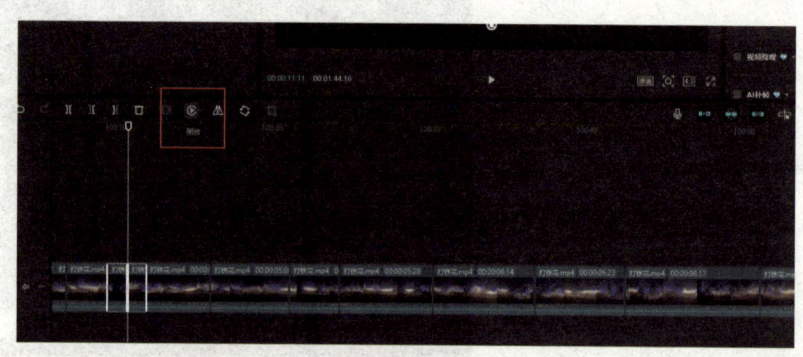

图7-5

需要注意的是，默认情况下，倒放后的视频播放速度会保持不变。但如果用户想让它更有趣，可以尝试调整播放速度。慢速倒放和快速倒放会带来不同的视觉效果。

7.5 调整视频播放的速度

有时,创作者需要调整视频的播放速度,以满足不同的创作需求和表达目的。例如,快速播放视频可以增加紧张感和节奏感,适用于快节奏或动作场面;而慢速播放则能展现细节,营造悬疑、浪漫或轻松的氛围。

使用剪映专业版调整视频播放速度的方法如下。

1. 常规变速

打开剪映专业版,新建项目并导入需要调整播放速度的视频素材,然后把视频素材拖拽到创作栏的轨道中。在草稿参数栏中点击"变速",在其下选项栏中点击"常规变速",然后拖动"倍数"滑块,向左拖动即降低播放速度,向右拖动即提高播放速度,如图7-6所示。此外,还可以通过修改视频时长来调整播放速度。

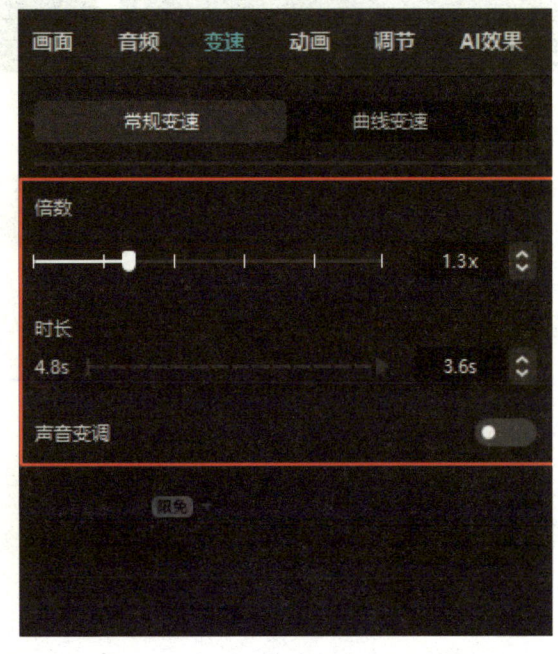

图7-6

2. 曲线变速

曲线变速允许视频在不同的时间点呈现不同的速度。在轨道中选中视频素材后,在草稿参数栏中点击"变速",在其下选项栏中点击"曲线变速",可以选择预设的变速模板或自定义变速曲线,如图7-7所示。例如,选择"自定义",下方将出现一条有几个节点的线,如图7-8所示。通过拖动这些节点,可以调整视频在不同时间点的速度,实现更加自然和生动的变速效果。

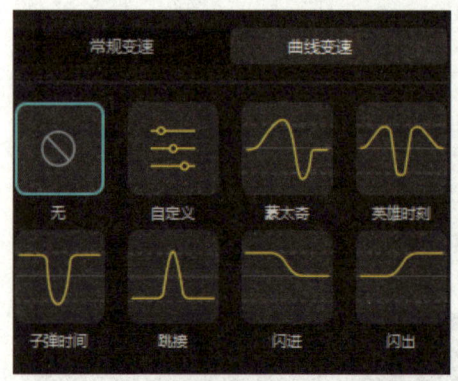

图7-7

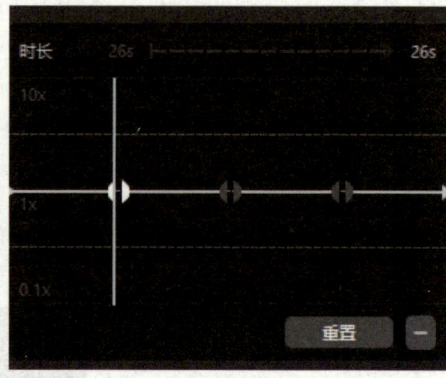

图7-8

7.6 替换合适的视频素材

在剪辑时如果发现当前视频素材不合适,就需要将该素材替换为补拍素材或其他素材。使用剪映专业版替换视频素材的方法如下。

1. 右键替换

打开剪映专业版,新建项目并导入要被替换的视频素材,然后把视频素材拖拽到创作栏的轨道中。在轨道中用鼠标右键点击该视频素材,在弹出的菜单中选择"替换片段",如图7-9所示。在弹出的"请选择媒体资源"对话框中,选择一个新的素材并点击"打开",或直接双击该素材进行选择。如果需要保留原素材的视频效果,如滤镜等,可以在"替换"对话框中勾选"复用原视频效果"。然后点击"替换片段",即可完成替换。

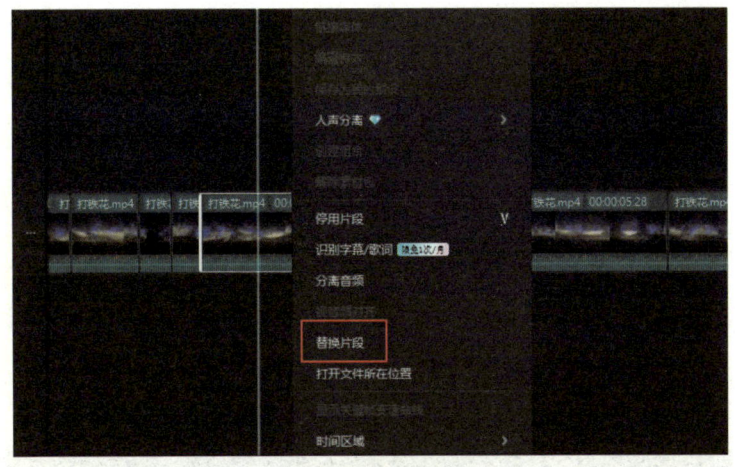

图7-9

2. 拖拽替换

在媒体库或素材库中找到合适的新素材，直接拖拽该素材到创作栏中要被替换的素材上，松开鼠标左键即出现"替换"对话框，点击"替换片段"即可完成替换。

3. 粘贴替换

打开草稿所在的文件夹，将新素材复制粘贴进来，确保新素材的名称和格式与要被替换的素材完全相同，剪映会自动识别并替换相同名称和格式的素材。

需要注意的是，在进行素材替换时，应确保新素材的时长、格式等属性与要被替换的素材相匹配，以避免出现剪辑错误或视频卡顿等问题。

7.7 调整视频的画幅比例

使用剪映专业版调整视频的画幅比例，可以按照以下步骤进行操作。

（1）打开剪映专业版，新建项目并导入需要调整画幅比例的视频素材，然后把视频素材拖拽到创作栏的轨道中。

（2）在播放器栏的右下角找到"比例"选项，点击后会看到一个下拉菜单，里面包含了多种常见的视频比例，如图7-10所示。用户根据需求选择一个合适的比例即可，如果需要自定义比例，可以选择"自定义"并手动输入宽度和高度。

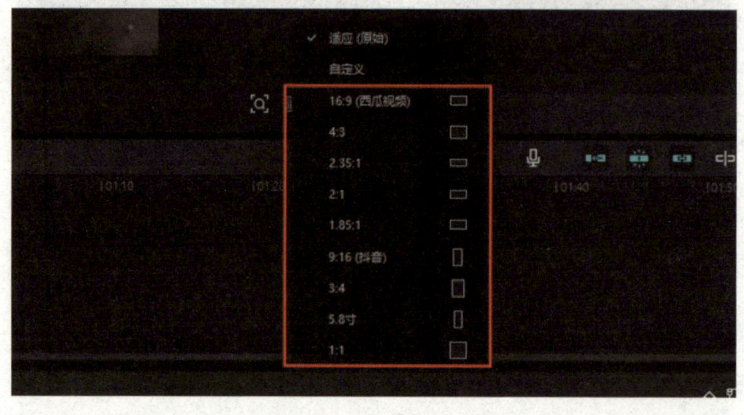

图7-10

（3）调整画幅比例后，可能需要将画面缩小或放大以适应新的比例。用户可以在草稿参数栏中，通过调节缩放比例来调整视频画面的大小，如图7-11所示。

图7-11

7.8 视频的导出与保存

在使用剪映专业版对视频素材进行剪辑处理后，我们往往需要通过点击播放器栏的三角形播放按钮预览视频整体效果，确认满意后，便可点击操作界面右上角的"导出"选项，在导出界面修改标题、导出位置，选择合适的分辨率、码率、编码、格式、帧率等参数，如图7-12所示。

需要注意的是，使用剪映专业版导出文件需要开通会员，因此，在选择完参数后，点击右下角的"开通会员并导出"选项，购买相应的会员服务后，导出界面右下角就会出现"导出"选项，点击该选项等待视频导出即可。导出完成后，视频将自动保存到用户设置的导出位置。

图7-12

给视频添加滤镜和调色在视频创作中扮演着重要角色，不仅可以增强视频的表现力和感染力，还能引导观众情绪、突出视频主题并提升制作效率。

本章将为大家详细讲解如何使用剪映专业版给视频添加滤镜和调色。

8.1 给视频添加滤镜

剪映专业版的滤镜功能十分强大，提供了多种风格和不同种类的预设滤镜，包括高清、风景、人像、冬日、美食等，如图8-1所示。用户可以根据视频内容选择合适的滤镜，打造富有质感的画面。

图8-1

为视频添加预设滤镜后,用户可以灵活地选择滤镜的作用范围,既可以对整个视频应用滤镜,也可以仅对视频中的某个片段应用滤镜。剪映专业版还允许用户对预设滤镜进行细致调节,如色调、饱和度、亮度等,以实现更个性化的视觉效果。

下面为大家详细讲解使用剪映专业版添加不同滤镜的方法。

8.1.1 添加风景滤镜

给视频画面添加风景滤镜可以帮助调整光线带来的影响,使画面在不同光线条件下保持一致性和美感。风景滤镜可以调整色彩饱和度、对比度和亮度,使画面更加生动和吸引人,如增强蓝天的色彩和绿色植物的鲜艳度,从而营造宁静和清新的氛围。

使用剪映专业版给视频添加风景滤镜,可以按照以下步骤进行操作。

(1)打开剪映专业版,新建项目并导入需要添加风景滤镜的视频素材,然后把视频素材拖拽到创作栏的轨道中。

(2)在菜单栏中找到并点击"滤镜"选项,即可打开滤镜库,如图8-2所示。

(3)在"滤镜库"下拉列表中选择"风

图8-2

景",菜单栏中即显示各种预设的风景滤镜,如图8-3所示。

图8-3

(4)在菜单栏中选择合适的风景滤镜,点击即可下载,再点击滤镜右下角的"+"或直接将其拖动到视频轨道中,即可应用该滤镜。不同风景滤镜的应用效果举例如图8-4所示。

图8-4

(5)应用滤镜后,可以在轨道中调整其应用范围和时长,并结合预览效果,在草稿参数栏中调整其强度,以获得更加自然美观的视觉效果,如图8-5所示。

图8-5

8.1.2 添加人像滤镜

在视频拍摄过程中,人物可能会受到光线、妆容等因素的影响,出现一些瑕疵。通过给视频中的人物添加人像滤镜,可以在一定程度上修饰这些瑕疵,使人物形象更加完美。

使用剪映专业版给视频添加人像滤镜,可以按照以下步骤进行操作。

(1)打开剪映专业版,新建项目并导入需要添加人像滤镜的视频素材,然后把视频素材拖拽到创作栏的轨道中。

(2)在菜单栏中找到并点击"滤镜",再在"滤镜库"下拉列表中选择"人像",菜单栏中即显示各种预设的人像滤镜,如图8-6所示。

图8-6

（3）在菜单栏中选择合适的人像滤镜，点击即可下载，再点击滤镜右下角的"+"或直接将其拖动到视频轨道中，即可应用该滤镜。不同人像滤镜的应用效果举例如图8-7所示。

图8-7

（4）应用滤镜后，可以在轨道中调整其应用范围和时长，并结合预览效果,在草稿参数栏中调整其强度,以获得更加符合需求的视觉效果,如图8-8所示。

图8-8

8.1.3 添加相机模拟滤镜

为视频添加相机模拟滤镜,可以模拟不同相机拍摄时的镜头效果,如浅景深、光晕等,从而让视频看起来更真实,增强视频的视觉吸引力。

在剪映专业版中,可以一键给视频添加相机模拟效果,十分方便快捷。具体操作步骤如下。

(1)打开剪映专业版,新建项目并导入需要添加相机模拟滤镜的视频素材,然后把视频素材拖拽到创作栏的轨道中。

(2)在菜单栏中找到并点击"滤镜",再在"滤镜库"下拉列表中选择"人像",菜单栏中即显示各种预设的相机模拟滤镜,如图8-9所示。

图8-9

（3）在菜单栏中选择合适的相机模拟滤镜，点击即可下载，再点击滤镜右下角的"+"或直接将其拖动到视频轨道中，即可应用该滤镜。不同相机模拟滤镜的应用效果举例如图8-10所示。

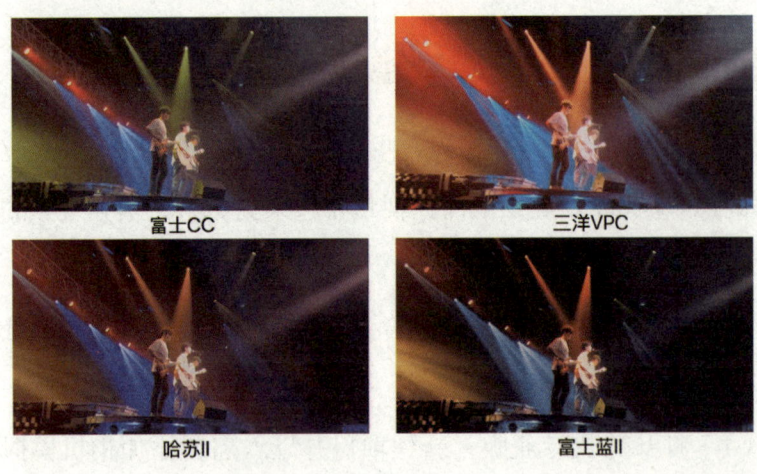

图8-10

（4）应用滤镜后，可以在轨道中调整其应用范围和时长，并结合预览效果，在草稿参数栏中调整其强度，增强相机模拟效果的真实感,如图8-11所示。

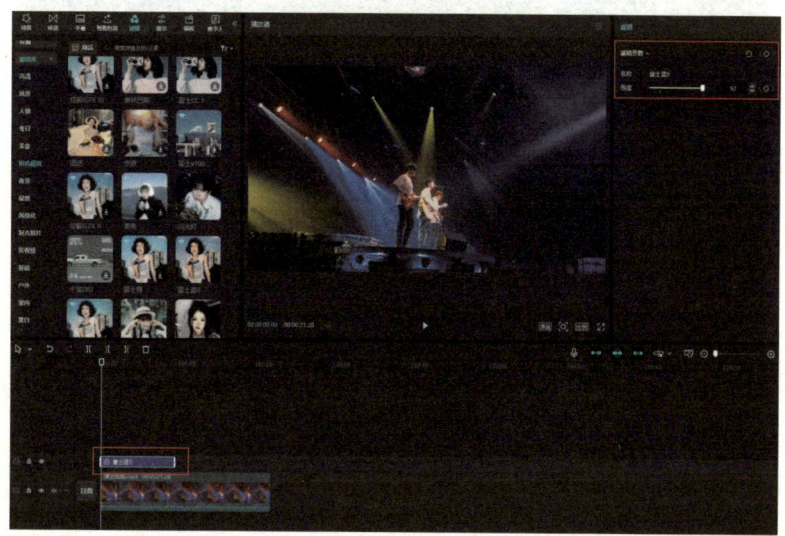

图8-11

8.1.4 添加夜景滤镜

在夜间拍摄视频时,由于光线不足,画面可能会显得暗淡无光。为这类视频添加夜景滤镜可以调整亮度、对比度和色彩,改善画面质量。剪映专业版为用户提供了多种风格的夜景滤镜,用户可以根据自己的喜好和个性,选择合适的滤镜,展现独特的艺术风格。

使用剪映专业版为视频添加夜景滤镜,可以按照以下步骤进行操作。

(1)打开剪映专业版,新建项目并导入需要添加夜景滤镜的视频素材,然后把视频素材拖拽到创作栏的轨道中。

(2)在菜单栏中找到并点击"滤镜",再在"滤镜库"下拉列表中选择"夜景",菜单栏中即显示各种预设的夜景滤镜,如图8-12所示。

图8-12

（3）在菜单栏中选择合适的夜景滤镜，点击即可下载，再点击滤镜右下角的"+"或直接将其拖动到视频轨道中，即可应用该滤镜。不同夜景滤镜的应用效果举例如图8-13所示。

图8-13

（4）应用滤镜后，可以在轨道中调整其应用范围和时长，并结合预览效果，在草稿参数栏中调整其强度，如图8-14所示。滤镜的默认强度设置为100%，通常可以将其调低以使画面更自然。

图8-14

8.1.5 添加复古胶片滤镜

复古胶片滤镜能模拟老式胶片的色彩、颗粒感和光影效果，让人回忆起过去的美好时光，引起情感共鸣。复古胶片滤镜还可以为视频画面添加颗粒感、暗角等效果，增添趣味性和独特韵味，使视频更具艺术性和电影感，提升作品的视觉吸引力。

使用剪映专业版给视频添加复古胶片滤镜，可以按照以下步骤操作。

（1）打开剪映专业版，新建项目并导入需要添加复古胶片滤镜的视频素材，然后把视频素材拖拽到创作栏的轨道中。

（2）在菜单栏中找到并点击"滤镜"，再在"滤镜库"下拉列表中选择"复古胶片"，菜单栏中即显示各种预设的复古胶片滤镜，如图8-15所示。

图8-15

（3）在菜单栏中选择合适的复古胶片滤镜，点击即可下载，再点击滤镜右下角的"+"或直接将其拖动到视频轨道中，即可应用该滤镜。不同复古胶片滤镜的应用效果举例如图8-16所示。

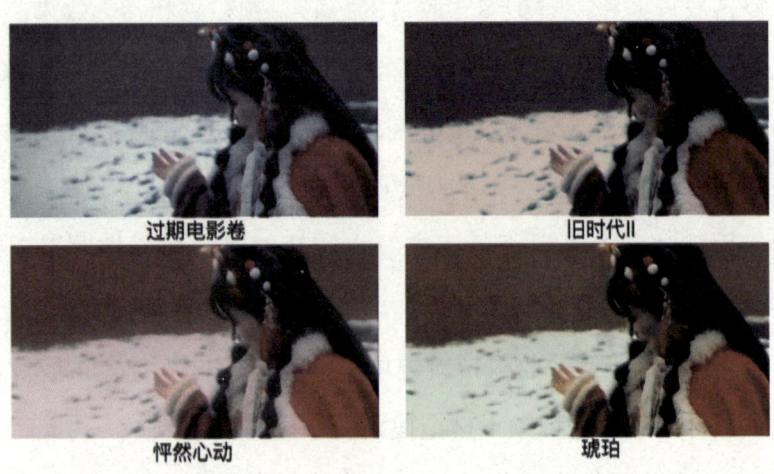

图8-16

（4）应用滤镜后，可以在轨道中调整其应用范围和时长，并结合预览效果，在草稿参数栏中调整其强度，以获得更加理想的复古效果，如图8-17所示。

图8-17

8.2 对视频进行调色

　　调色是视频剪辑中引导观众情绪变化的重要手段。不同的颜色可以引发观众不同的情绪反应。例如，暖色调通常带来温暖和兴奋的感觉，而冷色调则营造出冷静和理性的氛围。通过调色，剪辑师可以更准确地传达情感和信息，引导观众的情绪反应。

　　由于摄影机的参数、拍摄环境以及监视器显示性能的影响，拍摄的画面往往难以还原现实中的真实色彩，因此需要利用后期调色还原这些色彩，使画面更加贴近现实。这就体现了对视频进行调色的重要性。

　　并且，在拍摄过程中，由于时间推移的影响，即便使用相同的拍摄设备、相同的场景，也可能拍出颜色差异明显的视频。后期调色可以平衡这些颜色差异，保持整个视频的一致性和流畅性。

　　此外，在紧张的拍摄过程中，很难保证每个镜头都完美无瑕，可能会出现曝光不足、白平衡失误等问题。后期调色可以弥补这些前期拍摄的失误，改善画面的整体效果。

下面为大家详细讲解使用剪映专业版对视频进行调色的方法。

8.2.1 基础调色

打开剪映专业版，新建项目并导入需要调色的视频素材，再把视频素材拖拽到创作栏的轨道中，然后在草稿参数栏中找到并点击"调节"→"基础"，即可打开基础调色界面，如图8-18所示。这里的基础调色功能主要用于对视频画面的基础参数进行调整，包括色温、色调、饱和度、亮度、对比度、高光、阴影、光感等。下面具体介绍一些基础调色功能的用途。

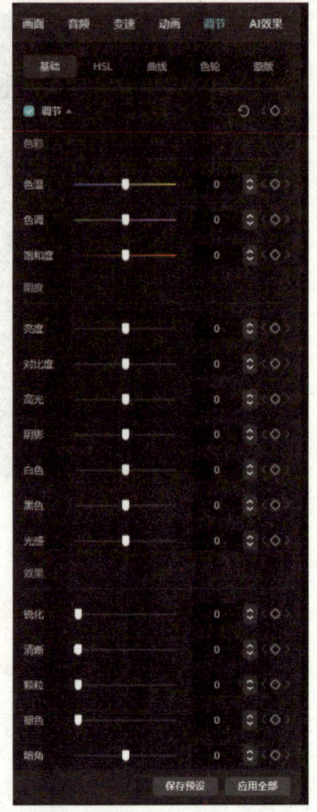

图8-18

1. 色温

色温功能用于调节画面的色温，向左调节即画面变蓝，如图8-19左侧所示；向右调节即画面变黄，如图8-19右侧所示。

图8-19

2. 色调

色调功能用于调节画面的颜色偏向，向左调节即画面变绿，如图8-20左侧所示；向右调节即画面变红，如图8-20右侧所示。

图8-20

3. 饱和度

饱和度功能用于调节画面色彩的鲜艳程度，向左调节即降低饱和度，如图8-21左侧所示；向右调节即提高饱和度，如图8-21右侧所示。需要注意的是，应避免过度提高饱和度导致画面主体发红而失真。

图8-21

4. 亮度

亮度功能用于调节画面整体的明暗程度，向左调节即降低亮度，如图8-22左侧所示；向右调节即增加亮度，如图8-22右侧所示。需要注意的是，应避免过度调节导致画面过曝或过暗。

图8-22

5. 对比度

对比度功能用于调节画面中明暗部分的差异化程度，向左调节即降低对比度，如图8-23左侧所示；向右调节即提高对比度，如图8-23右侧所示。

图8-23

6. 高光和阴影

高光和阴影功能分别用于调节画面中亮部和暗部的明暗程度。向左调节高光参数即降低物体表面亮部的明暗程度，如图8-24左侧所示；向右调节高光参数即提高物体表面亮部的明暗程度，如图8-24右侧所示。阴影参数的调节与高光参数类似。

图8-24

7. 光感

光感功能用于调节画面中光的强度和氛围，向左调节即降低光的强度，如图8-25左侧所示；向右调节即提高光的强度，如图8-25右侧所示。

图8-25

8.2.2 HSL调色

在剪映专业版中，HSL调色功能允许用户对视频中的颜色进行精确调整，包括色相（Hue）、饱和度（Saturation）和亮度（Lightness）等，从而提升视频的视觉效果和情感表达。

以下是使用剪映专业版的HSL调色功能的具体步骤。

（1）打开剪映专业版，新建项目并导入需要调色的视频素材，然后把视频素材拖拽到创作栏的轨道中。

（2）点击草稿参数栏中的"调节"选项，再在其下方找到并点击"HSL"，如图8-26所示。

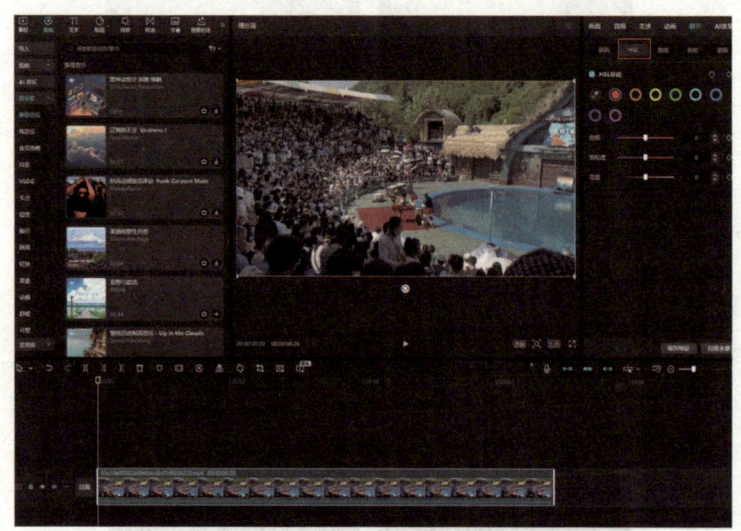

图8-26

（3）在打开的HSL调色界面中，可以看到八种基本颜色（红色、橙色、黄色、绿色、青色、蓝色、紫色、洋红色）以及色相、饱和度和亮度等参数，如图8-27所示。

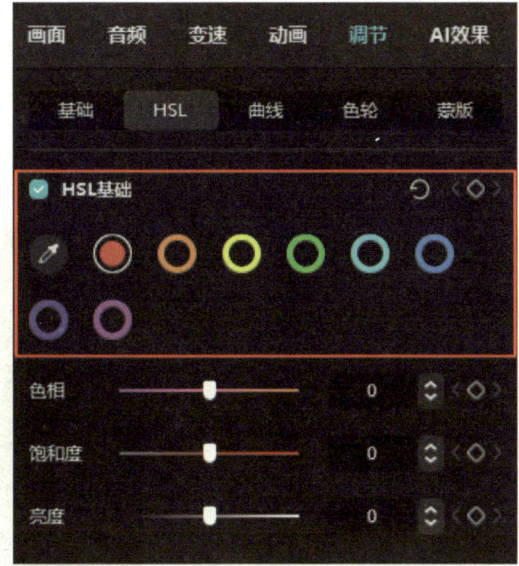

图8-27

（4）选择任意颜色，调节色相、饱和度和亮度等参数，即可精准调整视频中相应颜色的视觉效果。例如，想让画面中的湖水更蓝、饱和度更高，只需选中HSL调色界面的蓝色，再将其饱和度参数调高即可，如图8-28所示。

图8-28

需要注意的是，在调整过程中要实时预览视频效果，确保调整符合预期。

8.2.3 曲线调色

通过使用剪映专业版的曲线调色功能，可以进一步精确控制画面的亮度和对比度，达到理想的画面效果。

以下是使用剪映专业版的曲线调色功能的具体步骤。

（1）打开剪映专业版，新建项目并导入需要调色的视频素材，然后把视频素材拖到创作栏的轨道中。

（2）点击草稿参数栏中的"调节"选项，再在其下方找到并点击"曲线"，打开曲线调色界面，如图8-29所示。

（3）通过上下拖动曲线调色界面中的"亮度（luma）""红色通道（R）""绿色通道（G）""蓝色通道（B）"的曲线，可以分别调整画面中的亮度以及红色、绿色和蓝色的占比，向上拖动为增加，向下拖动为减少，如图8-30所示。拖动曲线时，旁边播放器栏中会呈现视频画面的变化，方便用户及时调整。

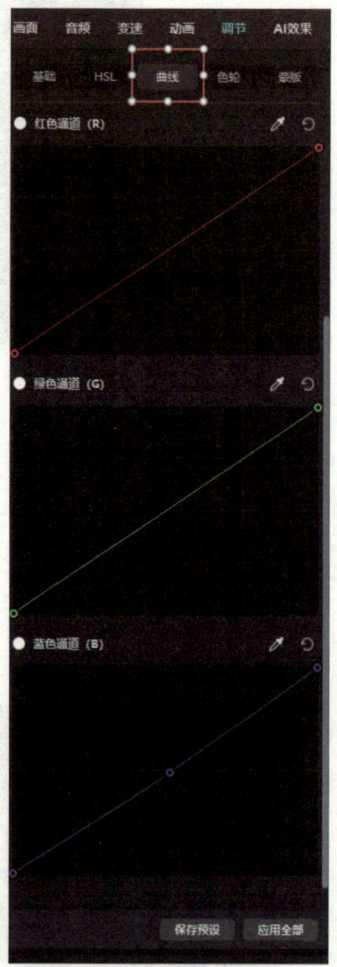

图8-29

图8-30

8.2.4 色轮调色

剪映专业版中的色轮调色功能可以帮助用户对视频素材进行精细的颜色调整。

以下是使用剪映专业版的色轮调色功能的具体步骤。

(1)打开剪映专业版,新建项目并导入需要调色的视频素材,然后把视频素材拖拽到创作栏的轨道中。

(2)点击草稿参数栏中的"调节"选项,再在其下方找到并点击"色轮",打开色轮调色界面,如图8-31所示。

图8-31

（3）色轮调色界面默认显示四个一级色轮，如图8-32所示。可以通过拖动"暗部""中灰""亮部"色轮上的中心圆形滑块或直接修改参数，对画面的暗部、中灰和亮部进行局部颜色调整；通过拖动"偏移"色轮上的中心圆形滑块或直接修改参数，调整画面整体的色调。例如，可以将"亮部"色轮往橘色方向调整，将"暗部"色轮往青色方向调整，以实现特定的色彩效果。色轮的左侧三角滑块用于调节颜色的饱和度，右侧三角滑块用于调节颜色的亮度，"强度"参数用于调节拖动滑块时对颜色的修改幅度。

（4）点击"一级色轮"右侧的下拉图标，在下拉列表中选择"log色轮"，色轮调色界面即显示四个log色轮，如图8-33所示。log色轮用于在整体调色完成后，对颜色进行细微的偏差修正，使色彩更加精准。其操作方法与一级色轮类似，在此不再赘述。

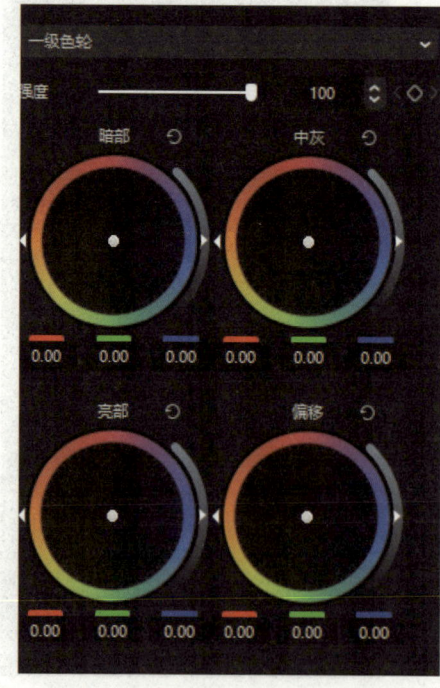

图8-32

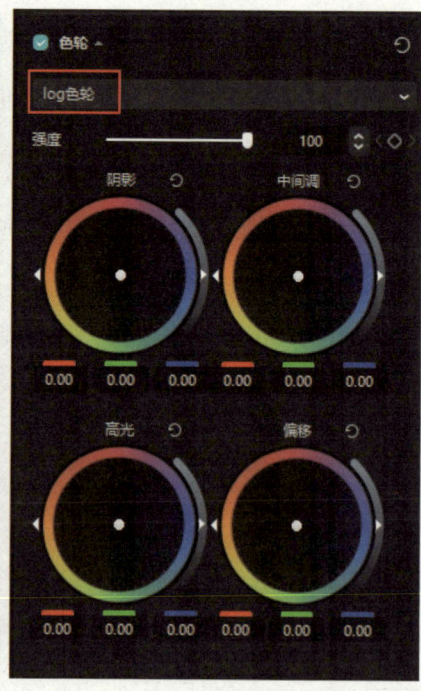

图8-33

（5）在调整色轮参数时，需要实时预览视频或图片的变化效果，根据预览效果进行微调，直至达到满意的效果。调整完成后，可以保存调色预设，以便在未来的项目中重复使用，如图8-34所示。

图8-34

需要提醒的是，用户可以将色轮调色功能与基础调色功能、HSL调色功能、曲线调色功能等配合使用，以实现更加精细和多样的调色效果。

8.2.5 调节锐化与颗粒效果

锐化效果通过增强图像边缘的对比度，使物体的轮廓更加分明，细节更加突出，从而提升照片的清晰度和质感。

颗粒效果可以模拟胶卷摄影的效果，给照片增添复古、怀旧的氛围，增加画面的肌理感，使画面层次更加丰富。

调节视频画面的锐化与颗粒效果，是视频剪辑过程中常见的技术手段。

使用剪映专业版调节视频画面的锐化与颗粒效果，可以按照以下步骤进行操作。

（1）打开剪映专业版，新建项目并导入需要调节锐化与颗粒效果的视频素材，然后把视频素材拖拽到创作栏的轨道中。

（2）点击草稿参数栏中的"调节"→"基础"，在基础调色界面中找到"锐化"和"颗粒"选项，如图8-35所示。

图8-35

（3）通过拖动这两个选项的滑块，即可分别调节画面的锐化与颗粒效果，向右拖动即加强效果。如图8-36所示，上半部分为没有调节锐化与颗粒效果的原图，下半部分为加强锐化与颗粒效果后的图片。用户在调节锐化与颗粒效果时，可以多预览视频画面，适度调整，避免过度加强导致图像噪点增多，影响观感。

图8-36

8.2.6 添加暗角效果

暗角效果可以模拟传统摄影中由于镜头的光学特性产生的晕影效果，给画面增添一种复古或真实的观感。通过在画面四周添加暗角，可以引导观众的视线更加集中于画面的中心区域，从而突出主体，提升主体在画面中的地位和重要性。

使用剪映专业版给视频添加暗角效果，可以按照以下步骤操作。

（1）打开剪映专业版，新建项目并导入需要添加暗角效果的视频素材，然后把视频素材拖到创作栏的轨道中。

（2）点击草稿参数栏中的"调节"→"基础"，在基础调色界面中找到"暗角"选项，如图8-37所示。

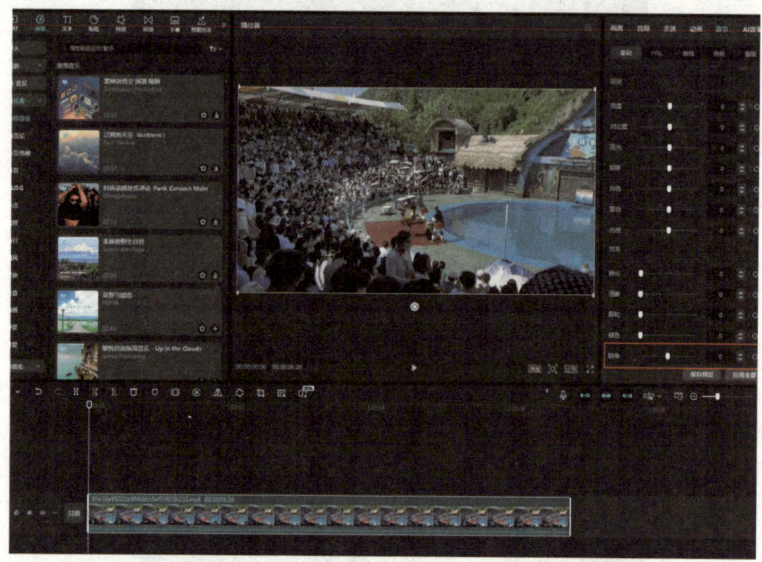

图8-37

（3）通过滑动"暗角"选项的滑块，即可给视频添加暗角效果，并调整暗角效果的强度。添加完成后的画面如图8-38所示。

图8-38

8.3 给视频添加转场效果

转场也被称为视频场景过渡。在一部完整的视频作品中,每个段落都具有某个单一的、相对完整的意思,而段落与段落、场景与场景之间的过渡或转换,就叫作转场。

视频创作中,转场的使用非常普遍。通过转场可以使不同场景、画面之间的过渡变得自然,避免生硬切换给观众带来不适感。例如,在从室内场景切换到室外场景时,合适的转场可以让画面的变化更加平缓。另外,对于时间或空间上有较大跨度的内容,转场也能起到桥梁作用,帮助观众理解情节的发展和变化。

8.3.1 认识常用的转场效果

下面我们来介绍几种常用的转场效果。

1. 闪黑转场

闪黑转场指的是一个镜头的画面逐渐由亮变暗,直至完全消失;下一个镜头的画面逐渐由暗变亮,直至完全清晰。这种转场方式常用于时间、地点的转换,或者表示情节的开始和结束。

2. 闪白转场

闪白转场指的是一个镜头的画面逐渐由暗变亮,直至完全消失;下一个镜头的画面逐渐由亮变暗,直至完全清晰。这种转场方式同样常用于时间、地点的转换,或者表示情节的开始和结束。

3. 叠化转场

叠化转场指的是两个镜头的画面在一段时间内相互重叠,然后逐渐过渡到下一个镜头。叠化转场可以用于表现时间的流逝、回忆、梦境等。

4. 向右擦除转场

向右擦除转场指的是一个镜头的画面从左向右逐渐消失，同时下一个镜头的画面从左向右逐渐显现。它主要应用于时间过渡，如果有一段非常长的时间流逝，就可以采用此效果。例如，利用向右擦除转场，将主角从一个场景引入另一个时间跨度比较长的场景，从而避免剧情拖沓。

5. 眨眼转场

眨眼转场指的是通过模拟眼皮闭合再张开的效果，实现前后镜头画面的切换。它常用于视频中剧情波折的位置，用于表现一个场景或动作的结束，为下一部分内容做铺垫，并给观众带来出其不意的视觉效果。

6. 风车转场

风车转场指的是一个镜头的画面以某个点为中心旋转，逐渐过渡到下一个镜头的画面。风车转场可以用于表现空间的转换或情节的转折。具有相似效果的还有翻转转场，即将一个镜头的画面翻转过来，露出下一个镜头的画面。

8.3.2 如何选择合适的转场效果

为了方便用户创作视频，剪映专业版提供了大量的预设转场效果供用户选择。那我们如何选择合适的转场效果呢？需要考虑以下几个因素。

（1）转场效果应与视频的主题和风格相符。例如，一部浪漫的爱情电影可能会使用淡入淡出、叠化等柔和的转场方式，而一部动作电影则可能会使用抖动、旋转等快速、激烈的转场方式。

（2）转场效果应该与镜头的内容和节奏相匹配。如果两个镜头的内容比较相似，可以使用切入等简单的转场方式；如果两个镜头的内容差异较大，可以使用划像等技巧型转场来增强视觉冲击力。

（3）转场的选择应该考虑观众的感受，以及转场效果与视频所传达的情感是否呼应。例如，在悲伤的场景转换时，应避免使用过于欢快或夸张的转场，以免影响观众的观看体验。

（4）转场效果要注意与音频的配合。转场时不仅要考虑画面的变化，还要注意音频的过渡。转场效果应避免与视频的背景音乐或音效产生冲突，以免影响整体的听觉体验。可以选择带有声音效果的转场，或者在转场前后对音频进行淡入淡出处理，使声音的变化与画面的转场相协调。

（5）转场效果的时长要合适，不能过长导致拖沓，也不能过短让观众感到突兀。并且，也不要使用过于复杂的转场效果，以免让观众眼花缭乱，影响对视频内容的理解。一般来说，选择一两种主要的转场效果，并在适当的地方使用，可以保持视觉上的简洁和清晰。

8.3.3 添加转场效果实例分析

使用剪映专业版给视频添加转场效果，可以按照以下步骤进行操作。

（1）打开剪映专业版，新建项目并导入需要添加转场效果的两个视频素材，然后把它们都拖到创作栏的同一轨道中。

（2）在菜单栏中点击"转场"，在其下界面中点击"转场效果"，可以看到系统预设的大量不同种类的转场效果，例如"叠化""幻灯片""运镜"等，如图8-39所示。

图8-39

（3）选择合适的转场效果，并将其拖拽到轨道中两个视频素材之间的连接处，如图8-40所示。

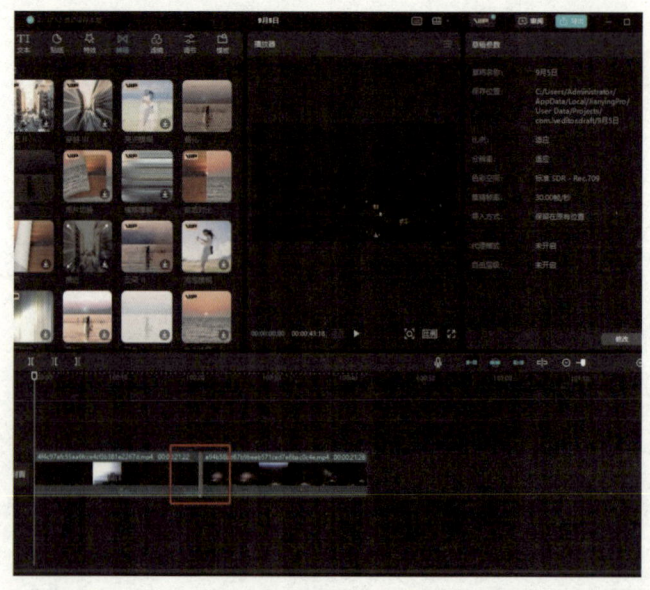

图8-40

（4）在轨道中点击该转场效果，即可在草稿参数栏中修改转场效果的持续时长，如图8-41所示。需要注意的是，转场效果的时长不应过短或过长，以免影响视频的观感。

在播放器栏中预览转场和视频整体效果，如果需要，可以对转场效果继续进行调整，直到满意为止。

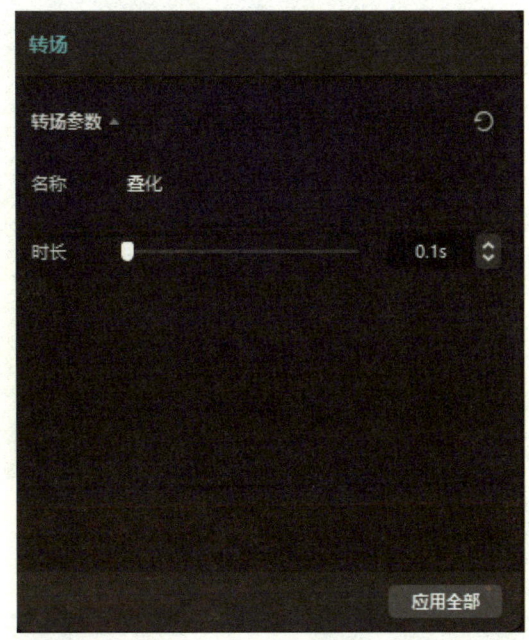

图8-41

8.3.4 优化视频转场的技巧

1. 利用相似性优化视频转场

如果两个镜头中的主体有相似的运动方向或速度，可以利用这个运动过程来设计转场。例如，一个球从一个镜头中滚出画面，接着在另一个镜头中滚入画面，实现自然的过渡。

也可以利用两个镜头中形状相似的元素，通过变形或缩放等效果从一个元素过渡到另一个元素，形成巧妙的转场。

2. 利用色彩与光影优化视频转场

如果两个镜头的色彩或光影效果有一定的关联性，就可以利用色彩或光影效果的变化来制作转场。例如，从一个蓝色调的场景逐渐过渡到一个黄色调的场景，可以通过添加渐变的色彩滤镜来实现。

音频在短视频中扮演着至关重要的角色，它能够丰富视频的表现形式，使其更富有感染力和吸引力，提升观众的观看体验，激发观众的情感共鸣。剪映专业版提供了丰富的音频处理功能，帮助用户轻松完成对音频的剪辑操作和创意设计。

下面为大家详细讲解剪映专业版音频功能的具体使用方法。

9.1 添加音频的操作方法

9.1.1 音乐的添加

使用剪映专业版添加音乐，可以通过以下几种方法。

1. 从音乐库中添加音乐

使用剪映专业版从音乐库中添加音乐的具体操作步骤如下。

（1）在剪映专业版的操作界面中，点击菜单栏中的"音频"，在其下方左侧列表中选择"音乐库"，即可看到丰富多样的音乐，如图9-1所示。

（2）在音乐库中，用户可以根据音乐的类型进行筛选，找到适合视频内容的音乐；也可以在搜索框中输入关键词，如歌曲名、歌手名、音乐类型等，快速找到所需的音乐。将选定的音乐拖到创作栏的轨道中，即完成添加。

图9-1

（3）在音乐库中，如果用户发现喜欢的音乐，可以点击音乐选项右下角的五角星图标将其收藏起来。之后在菜单栏中点击"音频"→"我的"→"收藏"，即可找到收藏的音乐，如图9-2所示。

图9-2

2. 从本地添加音乐

使用剪映专业版从本地添加音乐的具体操作步骤如下。

（1）用户如果想使用本地的音乐，可以在菜单栏中点击"音频"→"导入"，然后点击右侧"音频提取"区域的"导入"，如图9-3所示。

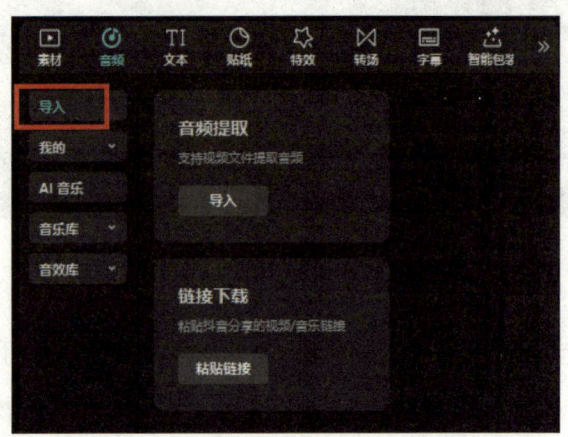

图9-3

（2）在弹出的对话框中浏览并选择想要添加的音乐，点击"打开"即可将其添加到剪映专业版的菜单栏中，如图9-4所示。将其拖到创作栏的轨道中，即完成添加。

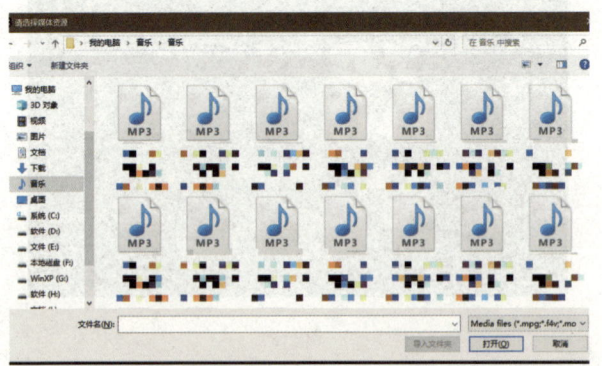

图9-4

3. 从其他平台添加音乐

使用剪映专业版从其他平台添加音乐的具体操作步骤如下。

（1）用户还可以从其他平台（如网易云音乐、QQ音乐等）复制音乐链接，在菜单栏中点击"音频"→"导入"，然后点击右侧"链接下载"区域的"粘贴链接"，如图9-5所示。

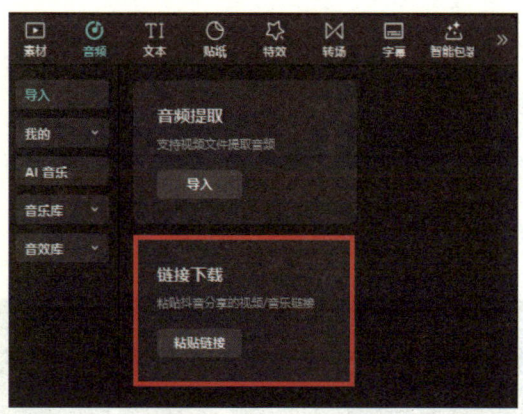

图9-5

（2）系统弹出对话框如图9-6所示，将复制的音乐链接粘贴在该对话框中，点击"开始下载"。下载完成后将其拖到创作栏的轨道中，即完成添加。

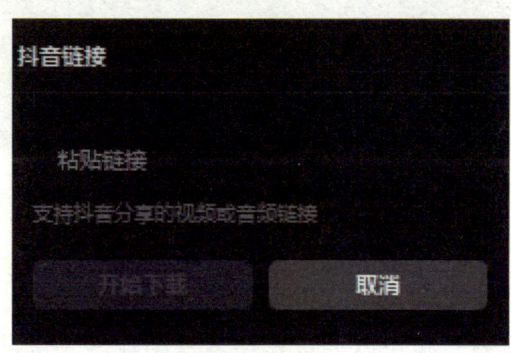

图9-6

9.1.2 音效的添加

除了音乐，剪映专业版还提供了许多不同种类的音效。用户可以选择匹配的音效添加到视频中，以增强视频的场景真实感和观众体验。

使用剪映专业版添加音效，可以按照以下步骤操作。

（1）打开剪映专业版，新建项目并导入需要添加音效的视频素材，然后把视频素材拖拽到创作栏的轨道中。

（2）在菜单栏中点击"音频"，在其下方左侧列表中选择"音效库"，即可看到丰富多样的音效，如图9-7所示。

图9-7

（3）在音效库中，用户可以根据音乐的类型进行筛选，找到适合用户视频的音效；也可以通过在搜索框中输入关键词来快速找到所需的音效。选定合适的音效后,将其拖拽到创作栏的轨道中,即完成添加。

9.2 处理音频的常用技巧

在剪映专业版中,有许多高效实用的处理音频的功能,可以帮助用户轻松完成对音频的分离和裁剪,调整音频的位置和速度,以及调节音量、减少噪声、添加淡入淡出效果等。

需要注意的是,在处理音频时要确保音频与视频画面同步,合理分配音轨层次。可以将重要的旁白或对话放在主要音轨上,将背景音乐放在次要音轨上,避免造成声音嘈杂、含糊不清的情况。

9.2.1 从视频中分离音频

将拍摄好的视频素材导入剪辑软件后,如果想要对素材中的音频单独处理,就需要将音频从视频中分离出来。分离音频后,既能单独调整音频各部分的音量,又能有针对性地进行降噪等处理。

使用剪映专业版从视频中分离音频,可以按照以下步骤进行操作。

(1)打开剪映专业版,新建项目并导入需要分离音频的视频素材,然后把视频素材拖到创作栏的轨道中。

(2)在轨道中的视频素材上单击鼠标右键,在弹出的菜单中选择"分离音频"(快捷键 Ctrl+Shift+S),如图9-8所示。

图9-8

（3）此时，视频中的音频就会被分离出来，可以在轨道中看到视频和音频已经成了两个独立的部分，如图9-9所示。接下来就可以分别对视频和音频进行单独处理了。如果不再需要原视频的音频，可以直接选中分离出来的音频文件，按"Delete"键删除即可。

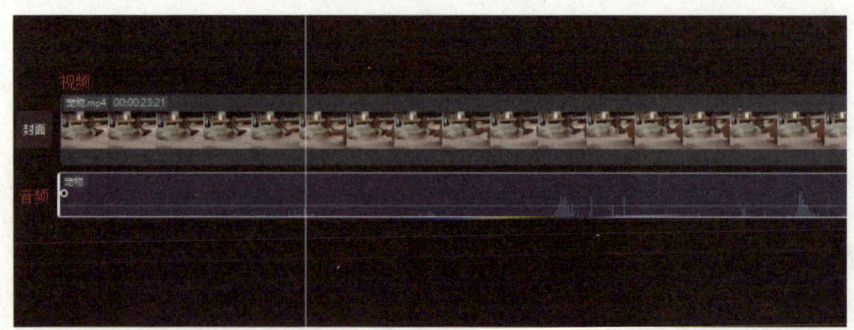

图9-9

（4）对音频处理完后，可以在播放器栏中播放音频以预览整体效果。如果想要将音频文件单独导出，可以点击操作界面右上角的"导出"选项，在弹出的导出设置界面中仅勾选"音频导出"，并选择一个合适的导出位置与音频格式（如MP3、WAV、AAC等），如图9-10所示。点击"导出"后，提取的音频将被保存为指定格式的音频文件。

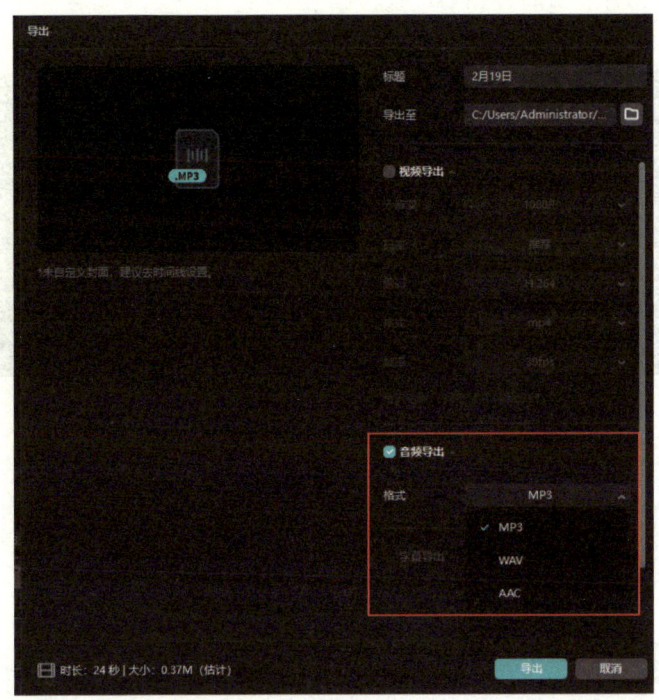

图9-10

9.2.2 对音频进行裁剪

将音频分离出来后，可以使用剪映专业版对其进行裁剪。具体操作步骤如下。

（1）打开剪映专业版，新建项目并添加需要裁剪的音频素材，然后将其拖拽到创作栏的轨道中；或者导入视频素材并从中分离出需要裁剪的音频。

（2）在音频轨道中，可以看到音频的波形变化。通过拖拽白色竖线（时间指示线）确定合适的位置，再点击创作栏左上角的下拉按钮，选择"分割"（或使用快捷键"Ctrl+B"），光标即变成刀片形状。将光标放在音频轨道中白色竖线处并单击鼠标左键，即可将音频拆分成两部分，如图9-11所示。

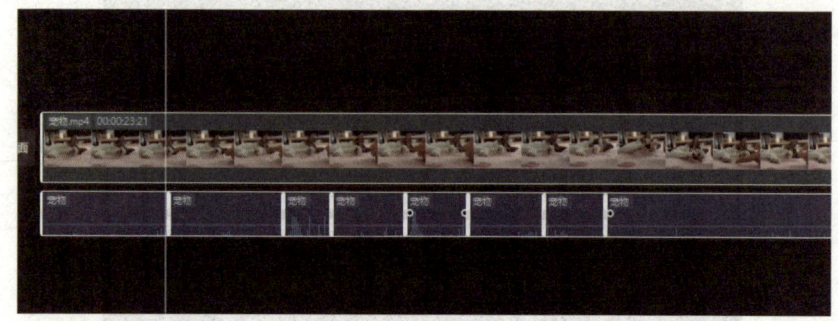

图9-11

（3）用这种方法对音频进行自由分割，再在不需要的部分点击鼠标右键并选择"删除"，即可完成对音频的裁剪。

9.2.3 调整音频的位置

在进行音频处理时，若遇到音频和视频不匹配的情况，可以使用剪映专业版调整音频的位置。具体操作步骤如下。

（1）打开剪映专业版，新建项目并添加需要调整位置的音频素材，将其拖到创作栏的轨道上；或者导入视频素材并从中分离出需要调整位置的音频。

（2）在轨道中将音频分割成多个片段，再选择需要调整位置的音频片段，如图9-12所示。

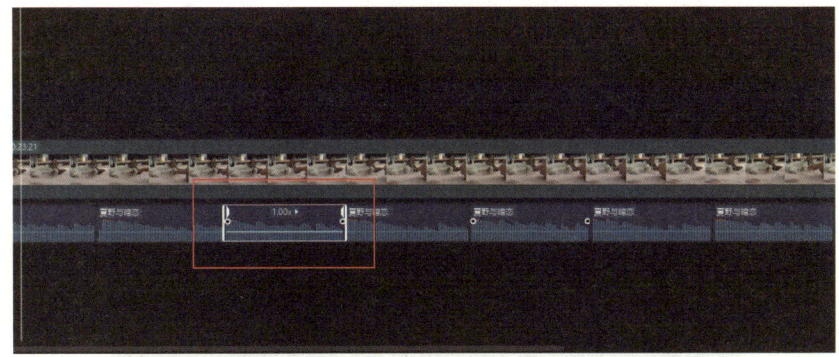

图9-12

（3）按住鼠标左键将音频片段拖动到合适的新位置，释放鼠标左键，音频轨道就会固定在新的位置，如图9-13所示。

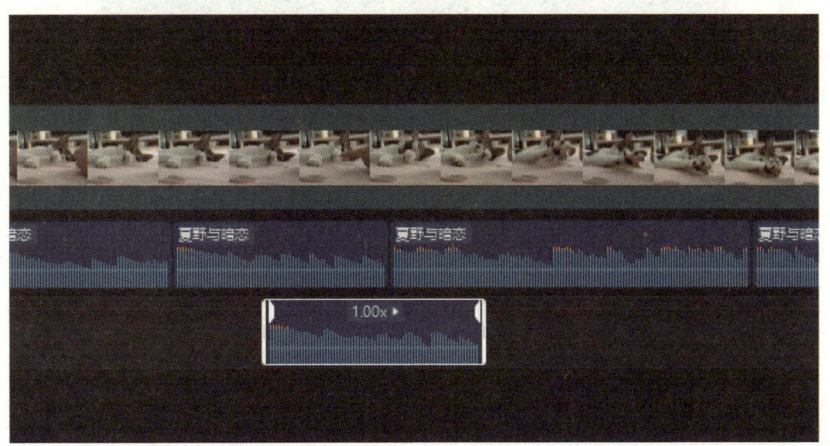

图9-13

（4）如果用户想对音频的位置进行更为精细的调整，可以在创作栏的右上角找到缩放滑块，如图9-14所示。通过调节这个滑块，可以将轨道长度进行缩放，从而方便用户更准确地调整音频的位置。

图9-14

9.2.4 调节音频的音量

在进行音频的处理时,往往需要调节音频的音量。使用剪映专业版可以轻松完成这项工作。具体操作步骤如下。

(1)打开剪映专业版,新建项目并添加需要调节音量的音频素材,然后将其拖到创作栏的轨道中;或者导入视频素材并从中分离出需要调节音量的音频。

(2)选中轨道中的音频,点击草稿参数栏中的"基础",在其下方界面中找到音量调节选项,拖动滑块即可调整音量大小,如图9-15所示。

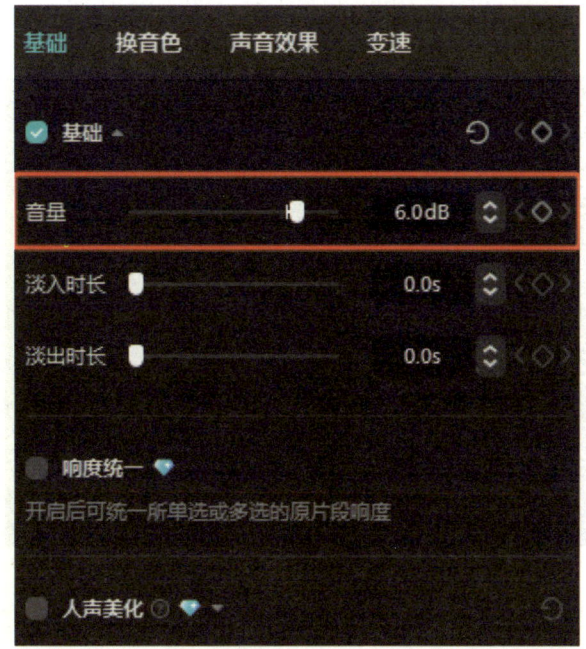

图9-15

9.2.5 对音频进行变速

对音频进行变速可以改变音频的节奏，使其更适合视频的风格或情感表达。在视频创作中，可根据剧情需要调整背景音乐或音效的速度，以更好地烘托气氛，优化听觉体验；对于音频的重点内容可以适当减慢速度，使其更加突出，让听众更容易捕捉和理解关键信息。

使用剪映专业版对音频进行变速，可以按照以下步骤操作。

（1）打开剪映专业版，新建项目并添加需要进行变速的音频素材，然后将其拖到创作栏的轨道中；或者导入视频素材并从中分离出需要变速的音频。

（2）选中轨道中的音频，点击草稿参数栏中的"变速"，通过调节其下方界面中的"倍数"滑块可以调整音频的播放速度，在"时长"区域可以修改这段音频的具体时长，如图9-16所示。

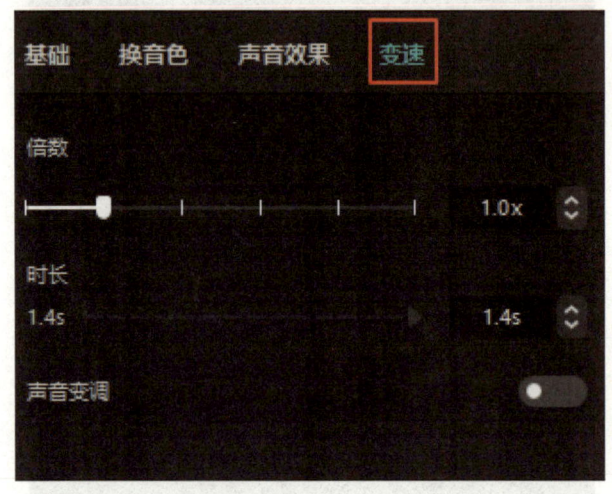

图9-16

需要注意的是，开启该界面中的"声音变调"功能后，音频的声音会随着播放速度的变化而变化，如果不希望声音变调，可以关闭此功能。

9.2.6 对音频进行降噪

对音频进行降噪可以减少音频中的背景噪声，使声音更加清晰、纯净，提升整体的音质，让听众更专注于音频的主要内容，获得更愉悦的听觉体验。

使用剪映专业版对音频进行降噪，可以按照以下步骤进行操作。

（1）打开剪映专业版，新建项目并添加需要进行降噪的音频素材，然后将其拖拽到创作栏的轨道中；或者导入视频素材并从中分离出需要降噪的音频。

（2）选中轨道中的音频，点击草稿参数栏中的"基础"，在其下方界面中找到并选中"音频降噪"，如图9-17所示。系统会自动分析并进行降噪处理，处理完成后会弹出"音频降噪成功"的提示。

图9-17

9.2.7 添加淡入淡出效果

给音频添加淡入淡出效果，可以显著提升视频的视觉和听觉体验，使音频的起始和结束更加自然。

使用剪映专业版对音频添加淡入淡出效果，可以按照以下步骤进行操作。

（1）打开剪映专业版，新建项目并添加需要添加淡入淡出效果的音频素材，然后将其拖拽到创作栏的轨道中；或者导入视频素材并从中分离出需要添加淡入淡出效果的音频。

（2）选中轨道中的音频，点击草稿参数栏中的"基础"，在其下方界面中找到"淡入时长"和"淡出时长"选项，拖动滑块即可调整音频的淡入淡出效果的时长,如图9-18所示。

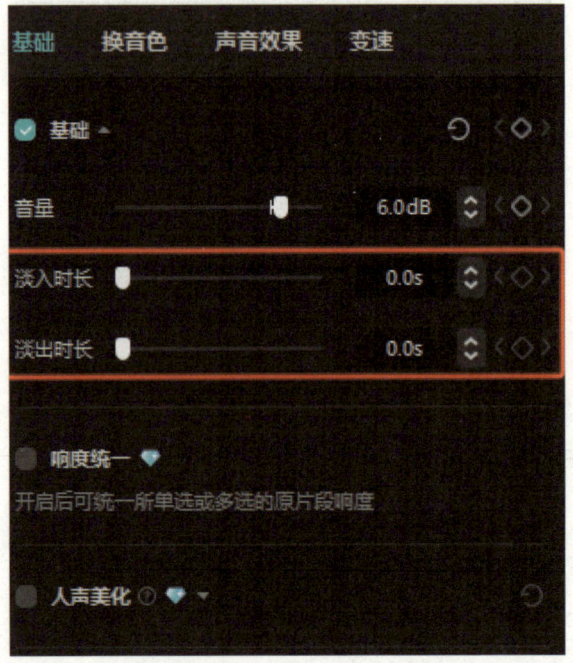

图9-18

调整好淡入淡出时长后,该效果会在音频轨道中显示为黑色区域,如图9-19所示。淡入淡出时间越长,黑色区域就越大。

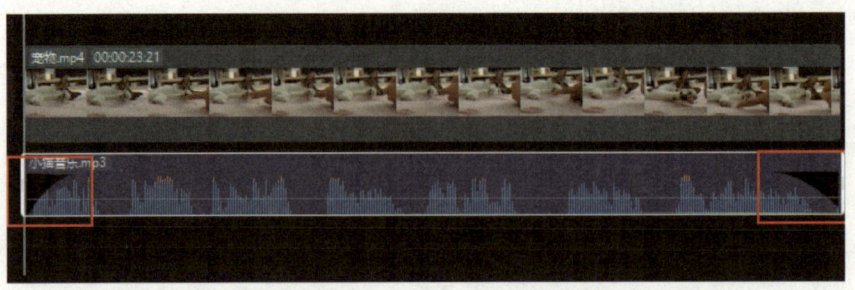

图9-19

第10章

剪映专业版的文字功能

剪映专业版为用户提供多种文字功能，使用户能够轻松地为视频添加文字、调整文字样式。在文字样式方面，剪映专业版为用户提供了多种风格的字体、文字模板、花字、动画效果等，让文字更美观、更富有创意。此外，剪映专业版还具有强大的自动识别字幕功能，能快速准确地识别视频中的语音并自动生成字幕。

下面为大家详细讲解剪映专业版的文字功能的具体使用方法。

10.1 添加与调整文字

10.1.1 给视频添加文字

使用剪映专业版给视频添加文字，可以按照以下步骤进行操作。

（1）打开剪映专业版，新建项目并导入需要添加文字的视频素材，然后把视频素材拖拽到创作栏的轨道中。

（2）在菜单栏中找到并点击"文本"→"新建文本"，在打开的添加文本界面中选择"默认文本"，如图10-1所示。此时，播放器栏的画面中即出现了"默认文本"字样。

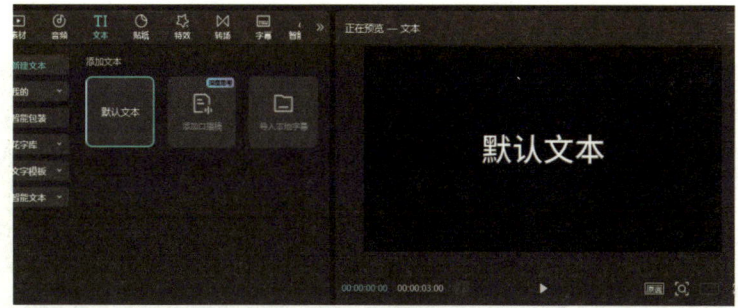

图10-1

（3）将菜单栏中的"默认文本"拖拽到创作栏的轨道中，草稿参数栏中即出现文字编辑界面，在这里可以手动输入想要添加的文字内容，如图10-2所示。

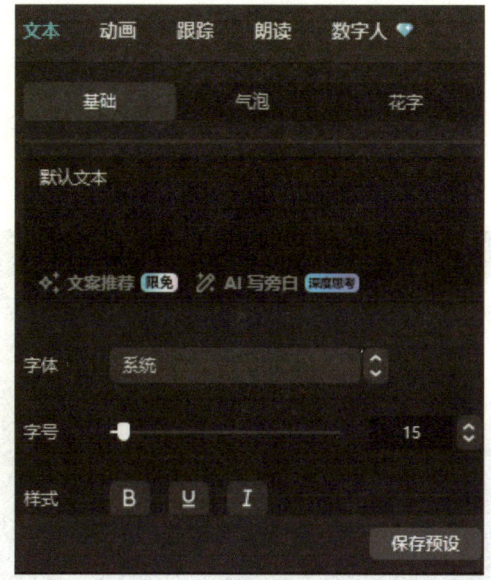

图10-2

（4）在文字轨道中，通过拖动文字条的两侧边框，可以调整文字的显示时间，也可以直接拖动文字条将其放在合适的位置。用户应确保文字的显示时间与视频内容相匹配，避免文字出现得太快或太慢，如图10-3所示。

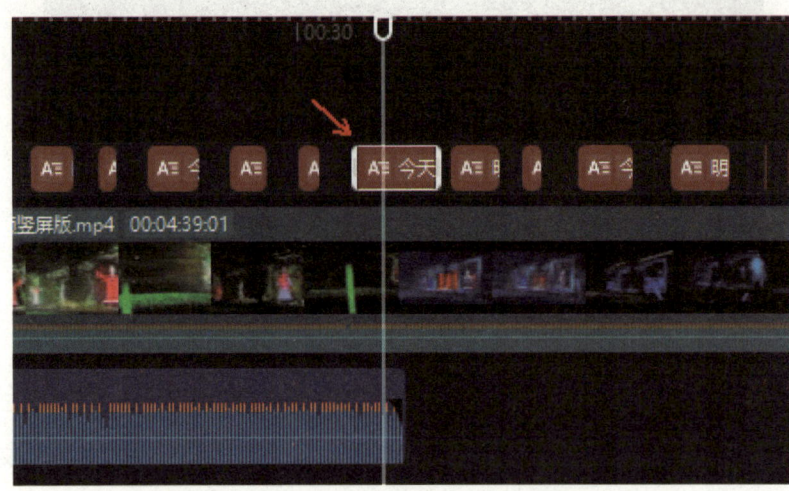

图10-3

（5）添加完所有文字后，播放视频预览整体效果。如果满意，即可点击右上角的"导出"，选择保存格式和路径，将带有文字的视频保存到本地，如图10-4所示。

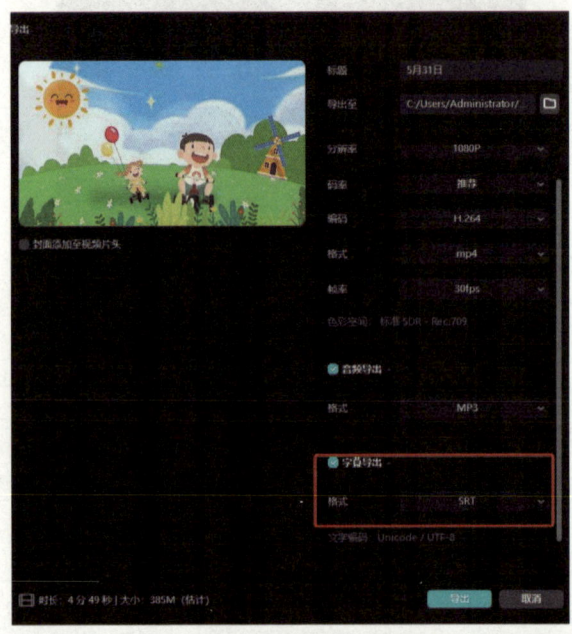

图10-4

10.1.2 修改文字参数

使用剪映专业版修改文字参数,可以按照以下步骤进行操作。

(1)打开剪映专业版,新建项目并导入需要修改文字参数的视频素材,然后把视频素材拖拽到创作栏的轨道中。

(2)选中轨道中自动显示的文字条,草稿参数栏中即出现文字编辑界面。用户可以在这里对文字的各项参数进行修改,包括字体、字号、样式、颜色、字间距、行间距、对齐方式等,如图10-5所示。

图10-5

(3)剪映专业版为用户提供了多种字体选择,点击"字体"栏的"系统",即可在下拉列表中根据视频的风格来选择合适的字体,如图10-6所示。文字参数应根据视频画面大小和文字重要性来调整,并应与视频背景协调,以确保文字清晰可读。

(4)在文字编辑界面还可以调整文字的位置和大小,如图10-7所示。此外,还可以通过直接拖动播放器栏中的

图10-6

文字框来调整文字的位置和大小。

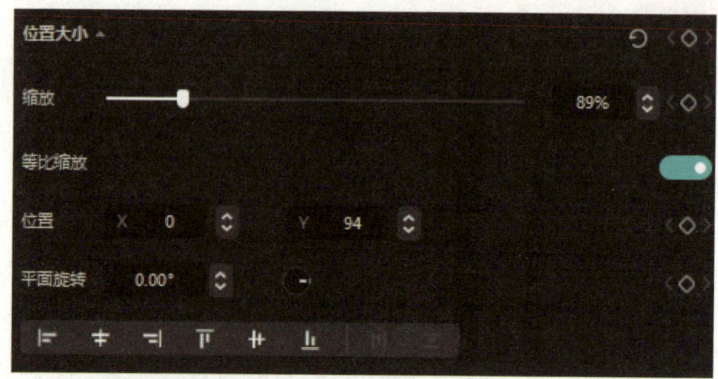

图10-7

（5）如果需要让轨道中不同的文字条参数一致，可以在已经设置好参数的文字条上点击鼠标右键，并在弹出的列表中选择"复制"；或使用快捷键"Ctrl+C"复制已经设置好的文字条，如图10-8所示。然后在轨道中的其他位置点击鼠标右键并选择"粘贴"，或使用快捷键"Ctrl+V"，即可将复制的文字条粘贴到新的时间点或位置。这样只修改新的文字条中的文字内容即可。此外，按住鼠标左键框选所有文字条，就可以统一修改所有文字的参数。

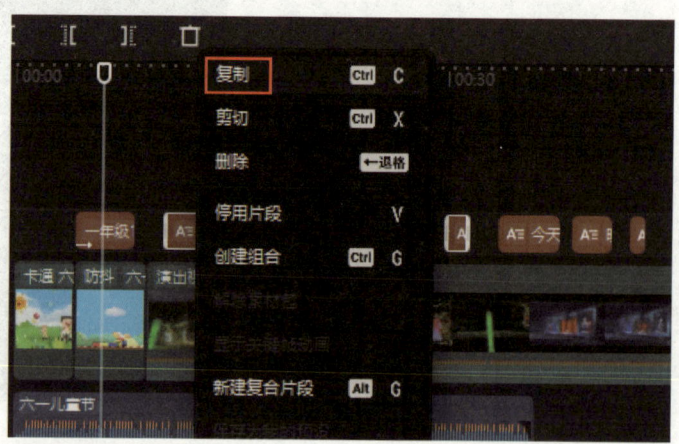

图10-8

（6）使用预设功能调整文字参数也十分快捷。只需要在对某一段文字调整完各项参数后，点击文字编辑界面右下角的"保存预设"，即可在下次添加文字时直接使用这段预设文字。在菜单栏中点击"文本"→"我的"→"个人预设"，即可找到保存的预设文字，如图10-9所示。将预设文字拖到创作栏的轨道中即可使用。

图10-9

10.1.3 设置双语字幕

在制作语言教学类视频、影视剧或制作的视频有跨国传播需求时，往往要有双语字幕，方便各国观众理解。

使用剪映专业版设置双语字幕，可以按照以下步骤进行操作。

（1）打开剪映专业版，新建项目并导入需要设置双语字幕的视频素材，然后把视频素材拖拽到创作栏的轨道中。

（2）在菜单栏中找到并点击"字幕"，在其下方左侧列表中点击"新建字幕"，如图10-10所示。这里提供了"手动写字幕"和

"导入本地字幕"两种方式,用户可以根据需要自行选择,按照系统提示输入或导入准备好的中文字幕。

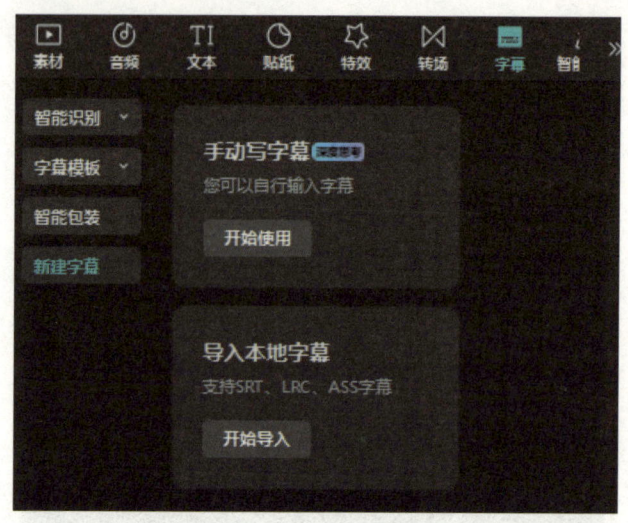

图10-10

(3)中文字幕添加完成后,草稿参数栏即显示字幕编辑界面,在该界面选择"双语字幕",如图10-11所示。在弹出的"双语字幕"窗口中选择第二语言,如图10-12所示。之后,系统自动进行字幕的翻译。

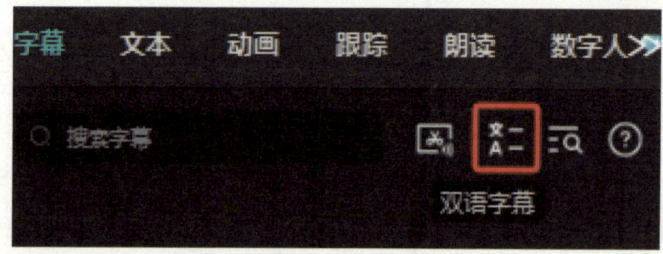

图10-11

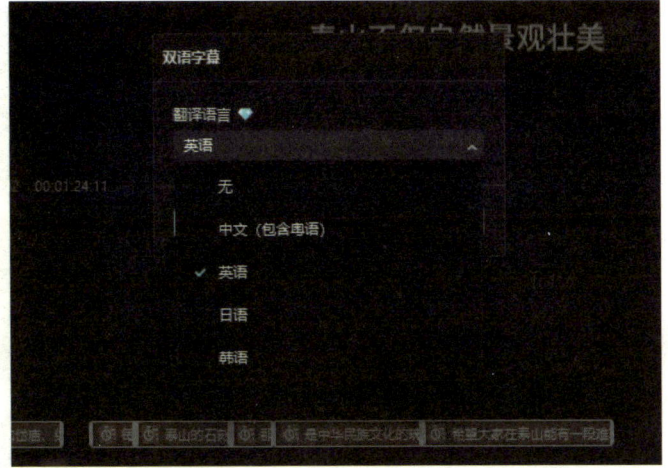

图10-12

（4）翻译完成后，双语字幕即自动显示在轨道和画面中。用户可以对双语字幕的参数进行调整，确保字幕清晰且不遮挡重要画面。

10.2 给文字添加特效

给文字添加特效，可以增强视频的视觉效果和信息传递效率。剪映专业版为用户提供了丰富的文字特效，下面为大家具体讲解其使用方法。

10.2.1 添加文字花体效果

使用剪映专业版添加文字花体效果，可以按照以下步骤进行操作。

（1）打开剪映专业版，新建项目并导入需要添加文字特效的视频素材，然后把视频素材拖拽到创作栏的轨道中。

（2）在轨道中点击需要添加花体效果的文字，在草稿参数栏中选择"文本",在其下文字编辑界面中选择"花字",下方即显示众多文字的花体效果,如图10-13所示。

(3)选择合适的文字花体效果,点击即可将其应用到文字上。

10.2.2 添加文字气泡效果

使用剪映专业版添加文字气泡效果,可以按照以下步骤进行操作。

(1)打开剪映专业版,新建项目并导入需要添加文字特效的视频素材,然后把视频素材拖拽到创作栏的轨道中。

图10-13

(2)在轨道中点击需要添加气泡效果的文字,在草稿参数栏中选择"文本",在其下文字编辑界面中选择"气泡",下方即显示众多文字气泡效果,如图10-14所示。

图10-14

（3）选择合适的文字气泡效果，点击即可将其应用到文字上。不同的文字气泡效果应用举例如图10-15所示。

（4）用户可以根据需要缩放和移动气泡，以达到最佳效果。如果需要更换气泡模板，可以再次点击"气泡"选项卡，选择其他模板。

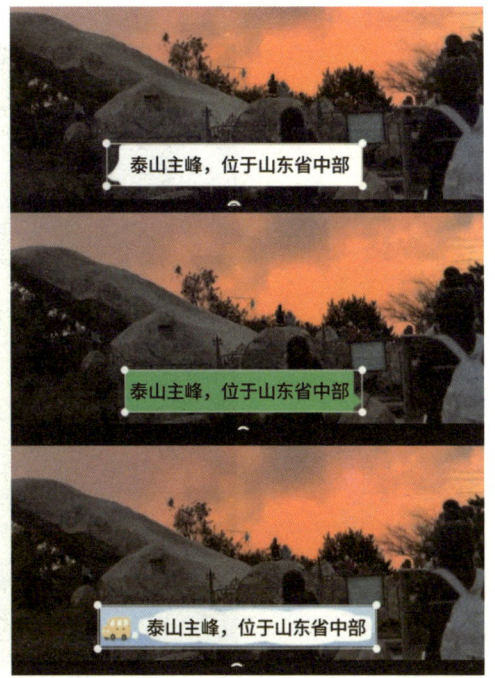

图10-15

10.2.3 添加文字动画效果

1. 添加文字入场动画效果

使用剪映专业版添加文字入场动画效果，可以按照以下步骤进行操作。

（1）打开剪映专业版，新建项目并导入需要添加文字特效的视频素材，然后把视频素材拖拽到创作栏的轨道中。

（2）在轨道中点击需要添加入场动画效果的文字，在草稿参数栏中选择"动画"，在其下选项栏中选择"入场"，下方即显示众多文字入场动画效果，如图10-16所示。

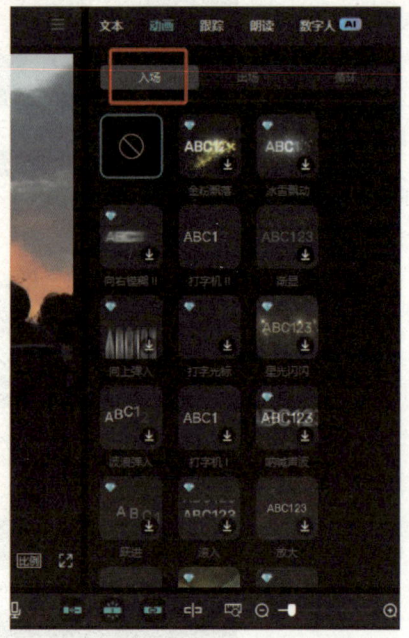

图10-16

（3）选择合适的入场动画效果，点击即可将其应用到文字上。调节草稿参数栏底部的"动画时长"，即可调整该效果的持续时长，以达到最佳视觉效果，如图10-17所示。

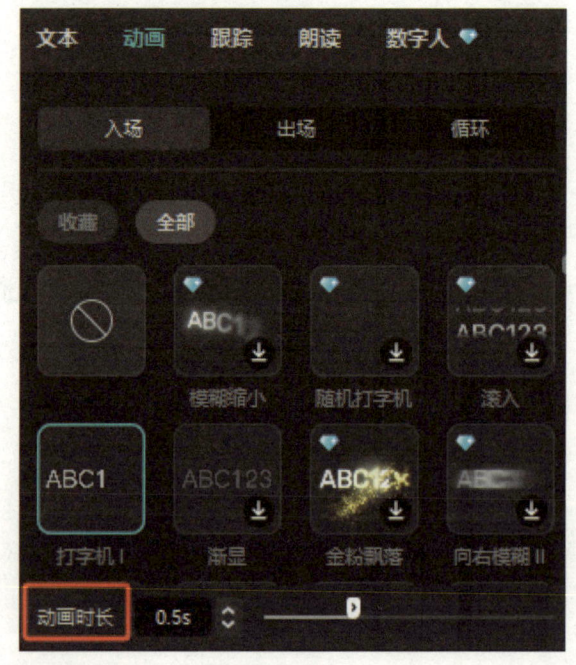

图10-17

2. 添加文字出场动画效果

使用剪映专业版添加文字出场动画效果，可以按照以下步骤进行操作。

（1）打开剪映专业版，新建项目并导入需要添加文字特效的视频素材，然后把视频素材拖拽到创作栏的轨道中。

（2）在轨道中点击需要添加出场动画效果的文字，在草稿参数栏中选择"动画"，在其下选项栏中选择"出场"，下方即显示众多文字出场动画效果，如图10-18所示。

图10-18

（3）选择合适的出场动画效果，点击即可将其应用到文字上。调节草稿参数栏底部的"动画时长"，即可调整该效果的持续时长，以达到最佳视觉效果，如图10-19所示。

图10-19

3. 添加文字循环动画效果

使用剪映专业版添加文字循环动画效果,可以按照以下步骤进行操作。

(1)打开剪映专业版,新建项目并导入需要添加文字特效的视频素材,然后把视频素材拖拽到创作栏的轨道中。

(2)在轨道中点击需要添加循环动画效果的文字,在草稿参数栏中选择"动画",在其下选项栏中选择"循环",下方即显示众多文字出场动画效果,如图10-20所示。

选择合适的循环

图10-20

动画效果，点击即可将其应用到文字上。调节草稿参数栏底部的"动画快慢"，即可调整该效果的循环速度，以达到最佳视觉效果，如图10-21所示。

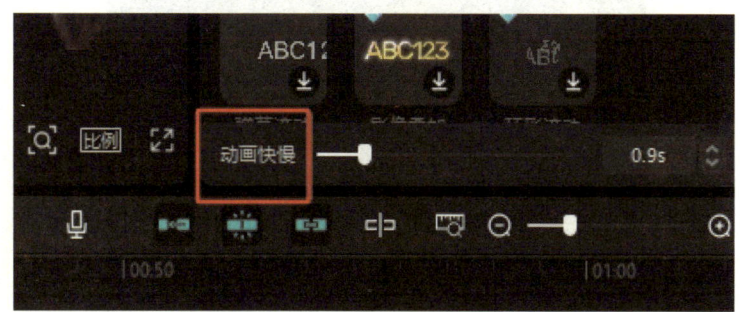

图10-21

10.2.4 使用文字模板功能

剪映专业版的文字模板功能十分强大且实用，有各种预设的文字样式，如常见的对话文字、说明性文字等，可一键添加到视频中。例如，当用户需要给视频制作封面时，可以使用剪映专业版中多种适合用作标题的文字模板，迅速制作出吸睛的视频封面，提高剪辑效率。

使用剪映专业版的文字模板功能，可以按照以下步骤进行操作。

（1）打开剪映专业版，新建项目并导入需要使用文字模板的视频素材，然后把视频素材拖拽到创作栏的轨道中。

（2）点击菜单栏中的"文本"，在其下方左侧列表中选择"文字模板"，可以看到其中包含许多种类的文字模板，如图10-22所示。

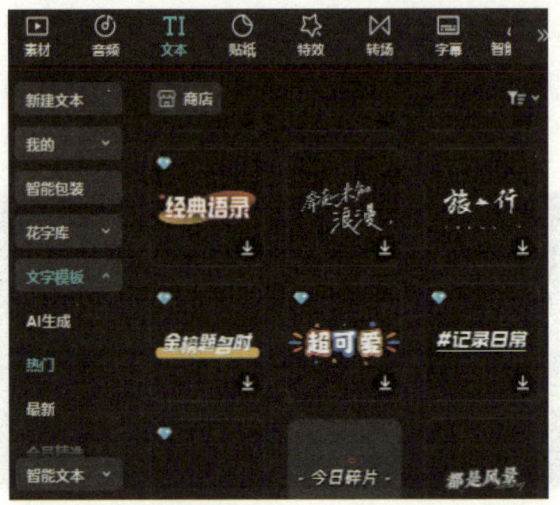

图10-22

（3）浏览并选择合适的文字模板，点击即可下载，并可在播放器栏中预览其效果。将其拖拽到创作栏的轨道中即可使用，如图10-23所示。

图10-23

（4）添加好文字模板后，可以进行个性化调整。点击轨道中的文字模板，即可在草稿参数栏中对文字内容及各项参数进行修改，如图10-24所示。

图10-24

10.3 自动识别字幕

剪映专业版提供的自动识别字幕功能，可以大大简化视频创作过程中字幕的添加工作。以下是使用剪映专业版自动识别字幕的具体操作步骤。

（1）打开剪映专业版，新建项目并导入需要自动识别字幕的视频素材，然后把视频素材拖拽到创作栏的轨道中。

（2）在菜单栏中找到并点击"字幕"，在其下方左侧列表中点击"智能识别"→"识别字幕"，如图10-25所示。

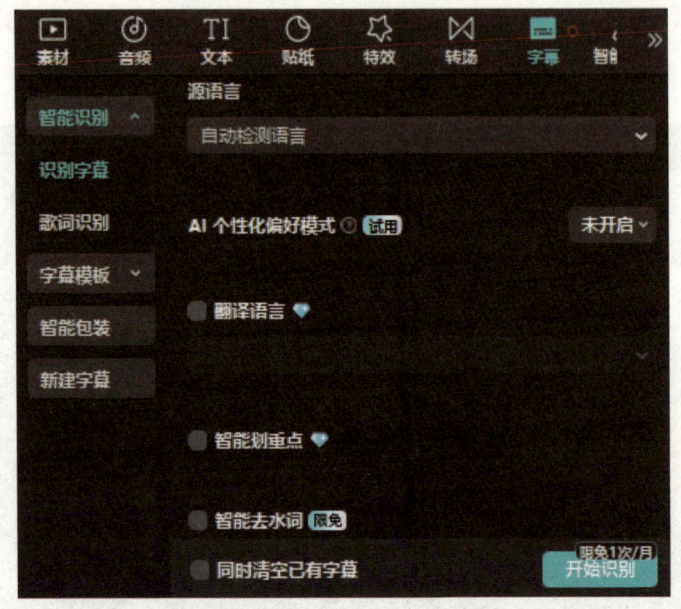

图10-25

（3）点击"开始识别"，系统自动识别视频中的语音内容并将其转换为字幕。

需要注意的是，自动识别生成的字幕可能受收音质量、拍摄环境等因素影响，无法保证百分之百正确，因此需要用户手动检查并修正，以确保准确性和流畅性。对于特定的方言或口音，自动识别可能不够准确，此时可能需要用户进行更多的手动调整。

第11章
剪映的AI功能

目前，AI正以前所未有的速度融入各行各业和人们的日常生活中。无论是剪映移动版还是剪映专业版，目前都配备了许多强大的AI功能，极大地提升了视频制作的效率，节省了用户大量的时间和精力。

11.1 认识剪映中常用的AI功能

剪映中常用的AI功能介绍如下。

1. AI智能识别

剪映能通过AI自动识别视频中的场景、人物、物体等元素，并根据识别结果提供相应的编辑建议。例如，当AI识别到风景视频时，会推荐自然滤镜和背景音乐；识别到人物时，系统会建议添加美颜效果或动态贴纸。

2. AI智能剪辑

剪映能通过AI自动处理视频剪辑任务，使视频内容更加流畅和吸引人。这一功能大大简化了视频剪辑流程，尤其适合新手用户快速制作出具有专业感的视频。

3. AI生成视频

剪映提供了许多视频模板，覆盖了生活、旅行、美食、运动等多个领域。用户只需上传素材，选择心仪的模板，剪映即可通过AI生成独具特色的短视频。此外，剪映还支持AI图生视频和AI文生视频，能节省用户大量的时间和精力。

4. AI配音

剪映的AI配音功能可以让用户轻松选用各种独特的音色，保证音频的质量和风格的统一。这一功能对于制作需要保持音频一致性的视频非常有用，如教学视频、新闻播报等。

5. AI数字人

用户可以利用剪映的数字人合成技术，创建虚拟人物进行视频讲解或表演。这一功能丰富了创作形式，使得视频内容更加生动有趣。

6. AI绘图

AI绘图是剪映专业版的一个特色功能，它支持扩图、消除、局部重绘等功能。AI扩图功能可以智能扩展图片或视频画面，去除黑边并保持原有内容不变形；AI消除功能可以识别并清除画面中的水印或其他不需要的元素，并自动填充合适的画面；AI局部重绘功能可以对普通图片的局部进行重新绘制，根据原图二次创作新的图片。

下面分别讲解剪映移动版和剪映专业版的AI功能实操方法。

11.2 剪映移动版的AI功能实操方法

11.2.1 AI生成视频

剪映的AI生成视频功能广泛应用于个人日常记录、品牌宣传、教育培训、电商带货等多个领域，不仅能够提高视频创作的效率，还能降低创作门槛，让更多人轻松参与到视频创作中来。

在剪映移动版中使用AI生成视频，可以按照以下步骤进行。

(1)打开剪映移动版,点击初始界面的"一键成片",如图11-1所示。

(2)在弹出的本地素材列表中,选择需要提供给AI的素材,如图11-2所示。

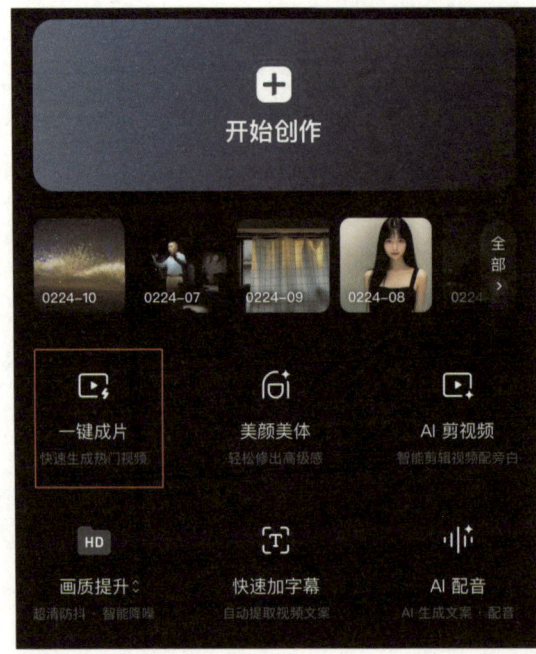
图11-1

图11-2

(3)在"你想制作什么样的视频?"窗口中输入想要生成的视频类型和风格,如图11-3所示。

(4)点击右下角的"下一步",系统便会根据素材的内容和节奏以及用户的要求,自动生成一个剪辑好的视频,如图11-4所示。在该界面下方还提供了多种智能剪辑模板,用户可以根据自己的视频风格和内容更换合适的模板。

(5)点击三角形播放按钮预览生成视频的整体效果,满意即可导出保存。

图11-3

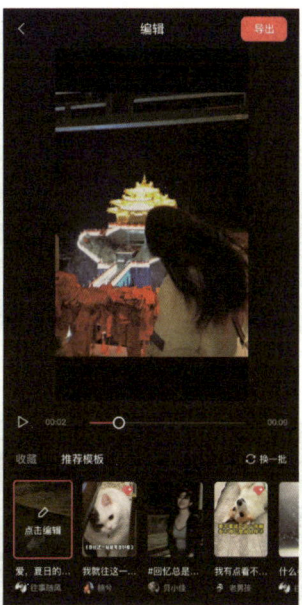
图11-4

11.2.2　AI添加特效

在剪映移动版中使用AI添加特效,可以按照以下步骤操作。

(1)在剪映移动版中导入需要添加特效的视频素材后,在编辑界面下方的功能面板中找到并点击"特效",如图11-5所示。

(2)在功能面板中出现的新选项栏里选择"AI特效",如图11-6所示。

(3)在打开的AI特效选择界面中,有多种特效可供用户选择,如图11-7所示。

（4）选择合适的AI特效，点击右下角的"生成"，即可将其应用到视频中。

图11-5

图11-6

图11-7

11.3 剪映专业版的AI功能实操方法

11.3.1 AI生成与匹配文案

在剪映专业版中使用AI生成与匹配文案，可以按照以下步骤进行。

（1）打开剪映专业版，在初始界面中"+开始创作"下方点击"AI文案成片"选项，如图11-8所示。

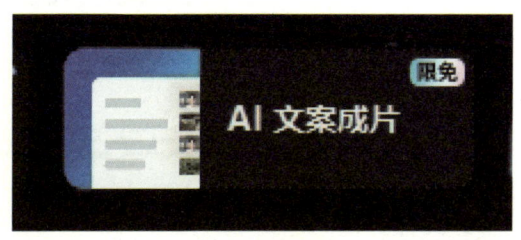

图11-8

（2）系统会打开新的网页，显示出"AI文案成片"编辑界面，如图11-9所示。在"文案主题"输入框内输入需要生成文案的主题，如"泰山日出"，在"内容要点"输入框内输入需要生成文案的内容要点，如"写一篇关于泰山日出的解说词"。

图11-9

（3）在"预估字数"区域根据视频的时长选择文案时长，再点击左下角的"生成文案"，AI即生成相应的文案，如图11-10所示。

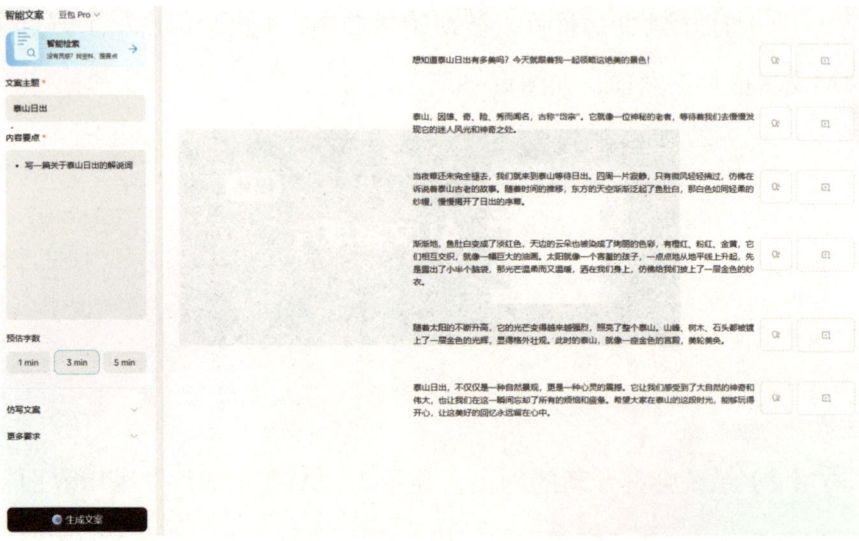

图11-10

（4）生成的文案可能需要进一步的润色和修改，用户可以直接在该界面中对文案进行编辑、缩写或扩写，或者让AI重新生成文案。调整完成后，复制文案备用。在剪映专业版中导入需要添加文案的视频素材，然后把视频素材拖到创作栏的轨道中。

（5）在菜单栏中点击"文本"，并在其下方界面中选择"智能文本"→"文稿匹配"，如图11-11所示。

（6）在右侧显示的"文稿匹配"区域点击

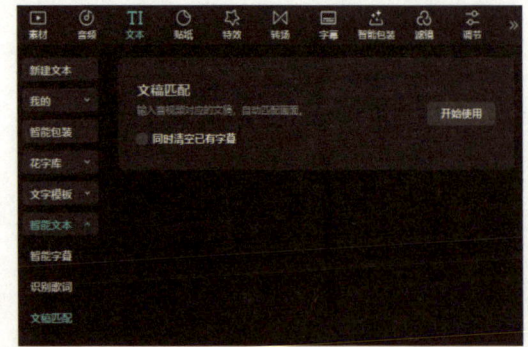

图11-11

"开始使用"，系统即弹出"输入文稿"对话框，如图11-12所示。

将之前复制的文案粘贴在对话框中,点击右下角的"开始匹配",系统便会自动将文案与视频内容同步并显示在轨道中。

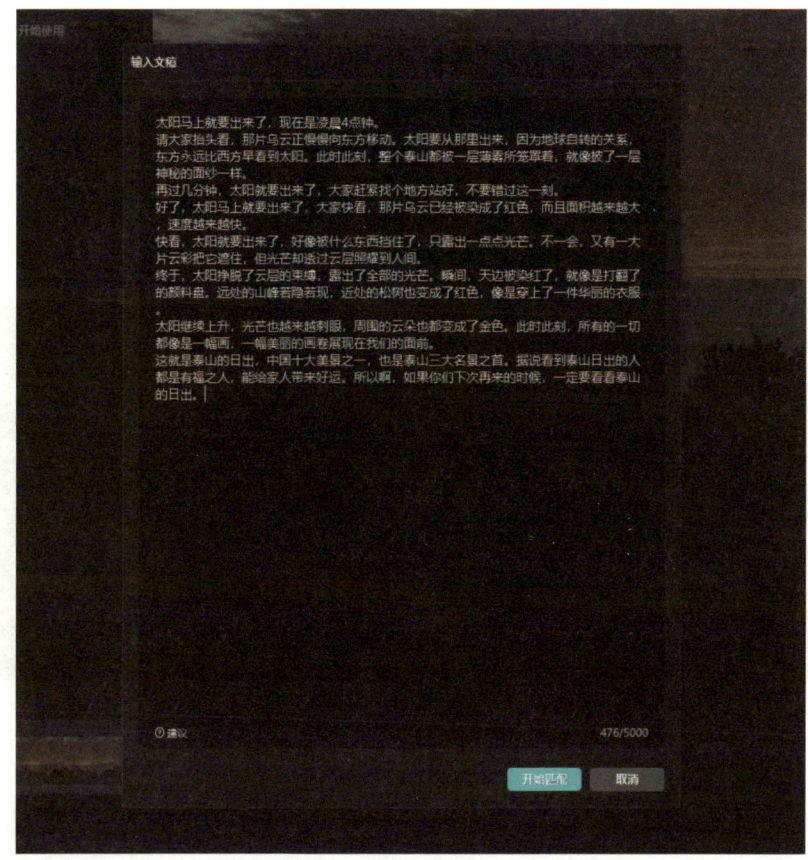

图11-12

11.3.2 AI个性化配音

在剪映专业版中使用AI个性化配音,可以按照以下步骤操作。

(1)打开剪映专业版,新建项目并导入需要添加配音的视频素材,然后把视频素材拖拽到创作栏的轨道中。

（2）在轨道中点击需要配音的文字内容，再在草稿参数栏中点击"朗读"，系统会自动弹出音色选择界面，如图11-13所示。剪映专业版提供了多种音色选项，包括男声、女声、童声等，甚至还有不同地区的方言，用户可以根据需求选择合适的音色。

（3）点击音色选项即可试听配音效果。为了使配音听起来更加自然，可以对其进行调整。点击音色选项右侧的调节图标，下方即弹出语速调节选项，滑动滑块即可调整配音的语速，如图11-14所示。

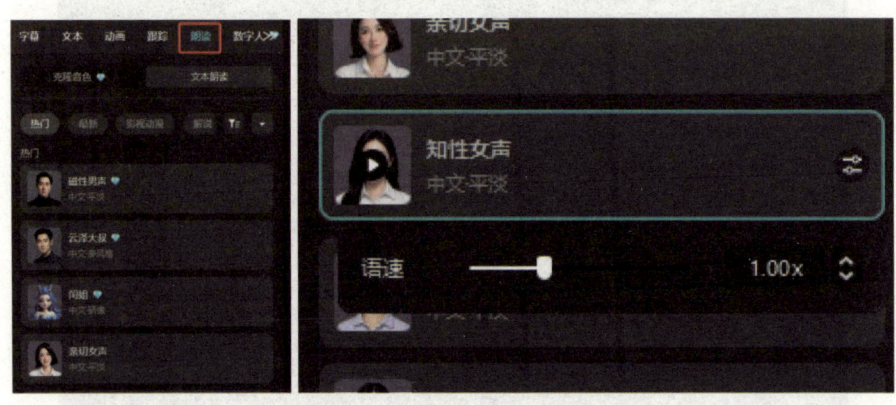

图11-13　　　　　　　　　　　图11-14

需要注意的是，AI配音可能会因为文字过长而出现声音重叠的情况，用户可以为配音添加淡入淡出效果，使每句话衔接得更自然。